# Les Brevets de la croissance

## ou

## IPness = HAPPYness ?

Marc Chauchard

En collaboration avec : Henri Peuchot
Et assisté de : Siham Lyamoudi, Jean-Paul Kédinger

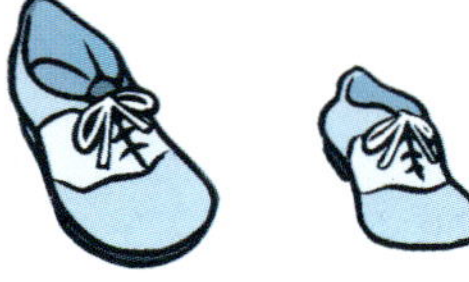

Illustrations de PIfox : Philippe Raynal

COLLECTION
SURVEY

nº 1

La collection SURVEY est ouverte aux experts et aux praticiens d'un champ de l'activité humaine. Analyses descriptives ou simples témoignages, travail d'historien ou thèse argumentée et documentée : de quelque nature qu'ils soient, les travaux publiés ont toujours un lien avec l'expérience personnelle des auteurs.


14 quai Saint-Laurent, Orléans
ISBN 2-86878-250-7

*À Brett, Stève et tous leurs amis,*
*qui m'ont fait passer un délicieux été au Pays basque,*
*pendant que je préparais ce manuscrit.*
*M. C.*

# Remerciements

Je remercie Laurence, pour son soutien attentif à chaque étape de cette aventure, ainsi que pour ses précieux conseils; j'ai été heureux de bénéficier du talent d'Henri Peuchot qui a activement amélioré cet essai et qui a rédigé le chapitre sur le Produit Intérieur Brut.

Mes remerciements sincères vont à Jean-Paul Kédinger qui a collecté les statistiques disparates sur les brevets et a révisé chaque chapitre, ainsi qu'à Siham Lyamoudi, pour son travail toujours souriant d'analyse des données.

Cet essai n'aurait pu voir le jour sans l'aide précieuse de Dominique Mojal, qui en a assuré la direction éditoriale; Philippe Raynal a illustré avec créativité un texte parfois austère; Bruno Porlier a réalisé avec talent la maquette de la publication.

Merci enfin à Jean Lory, pour sa lumineuse préface.

Le 30 octobre 2004.

# Préface

*L'homme est un éternel chercheur.*
*Il aspire à l'infini, il trouve le fini.*
JEAN-CHARLES HARVEY

En Grèce antique, philosopher[1] ne consistait pas à discourir sur la logique, la physique ou l'éthique, mais à en avoir un exercice concret, vécu. C'était un mode de vie, un art de vivre. Dès lors, les philosophes mettaient leur vie en rapport avec leur discours et celui-ci émanait de leur expérience de la vie.

L'essai que nous livre aujourd'hui Marc Chauchard est exactement le fruit de cette démarche.

Marc Chauchard ne se contente pas de gloser avec conscience sur son activité de Conseil en Propriété Industrielle qu'il pratique avec enthousiasme depuis plus de 20 ans. Il va plonger à corps perdu dans sa conviction la plus profonde, « la propriété industrielle facteur de bien-être économique », sans se soucier du qu'en dira-t-on ou des paroles assassines d'une intelligentsia sclérosée pour la partager avec bonheur avec le plus grand nombre.

En d'autres termes, il va vivre sa passion et transcrire sous une forme intelligible et claire, accessible à tous, une des plus belles problématiques qui soit : la création intellectuelle, apanage de l'*Homo sapiens*, ne serait-elle pas de surcroît facteur de progrès et de bien-être ? Il vient ainsi prendre à contre-pied la thèse de Jean-Jacques Rousseau pour qui l'homme né pour le bonheur et la vertu s'est laissé détourner de son chemin par le développement des connaissances, par la séduction du luxe et de la puissance.

Ainsi, l'intelligence et l'accroissement du savoir ne seraient-ils plus à l'origine de passions dévorantes, d'ambitions destructrices, en un mot d'une dénaturation de l'homme, mais la source ou le creuset d'une immense créativité, génératrice de bien-être.

Certes, il n'a jamais été nié que les inventions majeures de l'être humain (de la roue au transistor) ont grandement contribué au développement du progrès.

Mais, en deçà de ces grandes étapes, personne ne s'était attaché aux fruits de tous ces travaux et recherches intermédiaires.

1. Philosophie : recherche de la vérité, des principes et des fins des choses *(Dictionnaire de l'Académie)*.

Le moteur à explosion date de 1862 et fonctionne encore aujourd'hui sur le même principe, avec un rendement toujours aussi pauvre – et pourtant, il n'y a rien de commun entre le brevet d'Alphonse Beau de Rochas et le moteur actuel de tous nos grands constructeurs. Inventions intermédiaires donc, mais dont la succession, l'accumulation ont conduit à l'automobile d'aujourd'hui. Et cette progression, cette évolution – et non pas révolution – a fourni des milliers d'emplois, fait vivre des milliers de familles et contribué incontestablement à un accroissement du niveau économique de chacun.

Personne avant Marc Chauchard n'avait cherché à démontrer le lien, caché mais indiscutable, existant entre cette activité de recherche et développement et le progrès social en résultant.

Marc Chauchard n'a pas une langue de bois – il exprime ses convictions et démontre mathématiquement la corrélation entre activités inventives et progrès économique – et il s'offre le bonheur de douter de sa démonstration.

C'est un vrai philosophe.

Jean Lory

# Avant-propos

*C'est drôle comme ça vous vient une invention...*
*Au moment où on s'y attend le moins !*
ALPHONSE ALLAIS

L'homme a plus inventé depuis deux siècles qu'au cours des mille années précédentes. Il faut s'en réjouir, car l'innovation est à bien des égards une chance, mais il convient aussi d'être attentif face à certaines dérives du progrès. Cet essai présente une analyse nouvelle sur l'innovation et sur l'importance des inventions dans l'activité économique.

Lors des fêtes du Nouvel An 2004, je me trouvais en famille place Djemaa-El-Fna, à Marrakech, entouré d'une foule nombreuse, amicale et paisible, et me demandais ce que je pourrais bien faire l'année de mes cinquante ans qui soit à la fois original et porteur d'avenir, plutôt que d'assister en spectateur passif à la marche de l'humanité. La pauvreté ambiante et le luxe insolent des hôtels illustraient dramatiquement l'étendue des disparités entre les personnes, entre les peuples. L'innovation technologique ne pourrait-elle contribuer davantage à améliorer la situation des hommes ?

Quelques jours plus tard, j'ai annoncé sous forme de plaisanterie à mes enfants interloqués que je souhaitais réunir un groupe de travail digne du « prix Nobel d'économie », pour produire une étude sur la corrélation entre Propriété Industrielle et Produit Intérieur Brut. Plus modestement, mais plus directement, l'innovation brevetable constitue-t-elle l'un des moteurs essentiels de la croissance économique ?

Comment traiter ce sujet, sur la base d'arguments simples et vraisemblables, en évitant les analyses indigestes ou la caricature ? S'il était établi que la Propriété Industrielle (en anglais *Industrial Property* ou IP) contribue à la croissance économique, il suffirait d'investir à bon escient dans la formation, la recherche et la protection des inventions, et l'on vérifierait alors l'équation sous forme d'anglicisme qui résume cet essai :

**IPness = HAPPYness !**

Au-delà de ce slogan positif mais réducteur, j'ai souhaité étudier plus en détail le lien entre le nombre de brevets français et la croissance du Produit Intérieur Brut, évaluer l'impact de l'innovation dans notre société et avancer quelques recommandations simples à appliquer, sur le principe du « gagnant-gagnant ».

Sans tomber dans un optimisme béat face au progrès, il peut être utile de rappeler comment a évolué notre mode de vie depuis quelques décennies, depuis que la Propriété Industrielle a pris son essor, depuis que les innovations ont conquis notre espace quotidien, tout en restant très vigilant pour éviter les dérapages hasardeux des adeptes de la civilisation hyper-technique. J'espère que cette contribution atteindra ses objectifs, mais surtout qu'elle suscitera d'autres recherches afin que la société française échappe à son immobilisme, en vue d'un avenir meilleur.

Anglet, le 27 août 2004,
Marc Chauchard

Chapitre 1

# IPness = HAPPYness ?

*La nécessité est la mère de l'invention.*
Platon

## 1 L'innovation est-elle le moteur de la croissance économique ?

Que de fois avons-nous lu ou entendu que **l'innovation EST le moteur de la croissance** !

Qu'en est-il dans la réalité ?

Cet essai a pour objectif de nous interroger sur le bien-fondé de cette affirmation et plus précisément de décrire le lien entre une invention et un brevet d'invention, instrument juridique et technique mal connu et peu employé en France, afin de tenter de mesurer l'impact économique d'un brevet d'invention dans l'économie.

Objectif ambitieux, mais à la lecture de la presse et des rapports officiels ou encore à l'écoute des nouvelles, un constat s'impose : nous sommes submergés d'informations parfois contradictoires sur la marche de l'économie et nous ne savons plus quoi penser : le monde court-il à sa perte ou au contraire progresse-t-il ?

Quel rôle joue la **Propriété Industrielle, qui représente l'innovation protégée,** dans le processus économique : est-ce un mal nécessaire, un bien indispensable ou un recours obligé ?

La Propriété Industrielle (PI) – en anglais *Industrial Property (IP)* – est-elle synonyme de bonheur – en anglais *happiness* – économique pour les inventeurs et les entreprises ?

Nous proposons de parcourir notre univers au travers du filtre de la Propriété Industrielle (PI) et d'évaluer l'impact de l'innovation dans notre vie, pour avancer des recommandations simples à mettre en œuvre afin de **vitaliser davantage l'économie française**.

Pourrions-nous imaginer un pays sans voiture, sans avion, sans téléphone, sans Internet ? Combien de temps vivrions-nous sans médicament, sans produit biologique, sans greffe d'organe ? En France, l'espérance de vie, chiffre assez irréel car il ne représente pas la situation d'un individu mais seulement une moyenne, a augmenté de onze années pour les hommes (de 65 à 76 ans) et de douze années pour les femmes (de 71 à 83 ans) en cinquante ans. La génétique, la biotechnologie, l'électronique ou les télécommunications vont-elles bouleverser autant la vie au XXIe siècle que l'électricité, la télévision ou le pétrole l'ont fait au XXe siècle ? Des études concernant l'origine des pathologies ont montré que beaucoup sont d'origine sociétale pure : intoxications, accidents de la route et domestiques, pollutions, détérioration du climat; saurons-nous utiliser à meilleur escient tous les moyens de la médecine, au profit de tous, pas seulement à titre personnel ?

Et qui n'a jamais ressenti, clairement ou confusément, une certaine crainte face à la puissance de sociétés multinationales qui, pour des motifs louables de leur point de vue, nous sollicitent d'acheter en masse leurs productions ? Avons-nous le courage de résister à une certaine uniformisation des modes alimentaires, des codes vestimentaires, des usages linguistiques, et de faire usage des choix qui nous sont proposés dans tous les domaines ?

Faut-il rejeter en bloc les apports positifs du progrès sous prétexte qu'il nous transformerait en consommateurs passifs ? Faut-il au contraire en chanter les louanges sans aucun esprit critique en raison des avantages matériels qu'il procure ?

Quels arbitrages voulons-nous exercer entre les produits et services innovants et les traditions que nous ont léguées les générations passées ? Le confort que nous retirons individuellement des avancées techniques ne nous fait-il pas perdre de vue l'intérêt général, au niveau national mais aussi au plan international ? Le monde des affaires et les échanges économiques doivent-ils fonctionner au seul gré du marché, ou faut-il réinventer l'éthique et le souci du bien commun ?

De nombreuses autres interrogations d'ordre moral se posent à nous, selon notre formation, notre mode de vie, nos aspirations, notamment mais pas uniquement, dans le domaine de la génétique appliquée à la science, à la médecine ou à l'agriculture.

Chacun apportera à ces questions les réponses dictées par sa conscience, mais il est souhaitable pour ce faire de fonder notre réflexion sur quelques données chiffrées, en prenant pour base notre environnement : c'est à ce voyage dans la réalité auquel nous vous invitons.

Nous avons pris le parti d'employer un style direct, en noir et blanc, qui conduit parfois à simplifier l'analyse eu égard à la complexité de l'économie, mais en posant le principe que c'est l'intérêt général qui prime, par rapport aux revendications personnelles, catégorielles ou corporatistes.

## 2 Quel plan avons-nous suivi ?

Cet essai est le résultat d'un travail mené par différents intervenants, chacun dans son domaine de spécialité, de mars à décembre 2004 : le **chapitre 2** présente les membres de notre groupe, la méthode utilisée – notamment le Blog Internet – ainsi que les outils informatiques employés.

Le **chapitre 3** propose un parallèle entre croissance et dépôt de brevets dans différents pays. On y trouve ensuite une revue de presse économique sur le postulat innovation/croissance, le Produit Intérieur Brut (PIB) et le lien entre innovation et Propriété Industrielle (PI).

Le **chapitre 4** définit à notre manière la notion d'invention et décrit les options mises à la disposition d'un inventeur : secret, divulgation, protection, ainsi que les raisons de préférer la dernière d'entre elles, à savoir la protection.

Le **chapitre 5** parcourt le chemin qui va de l'idée inventive au brevet d'invention, qualifié après examen de minipole temporaire, territorial et conditionnel !

Le **chapitre 6** est consacré aux critères de brevetabilité d'une invention, à la naissance et au maintien en vigueur d'une demande de brevet ou d'un brevet.

Le « clonage » d'une demande de brevet grâce au Droit de Priorité fait l'objet du **chapitre 7** ; les diverses voies pour un dépôt à l'étranger sont brièvement décrites.

Le **chapitre 8** montre la différence entre demandes de brevet autochtones et demandes de brevet allochtones.

L'économie retrouve la primeur au **chapitre 9**, avec la présentation du Produit Intérieur Brut (PIB) et de la croissance.

La collecte des données de Propriété Industrielle (PI), de Recherche & Développement (R&D) et du PIB fait l'objet du **chapitre 10**.

L'étude statistique des données collectées est réalisée au **chapitre 11**, tandis qu'une analyse de corrélation entre les variables de la Propriété Industrielle (PI) et du PIB est développée au **chapitre 12** ; la notion de décalage temporel est introduite au **chapitre 13**.

Un modèle mathématique reliant Propriété Industrielle (PI) et PIB est proposé au **chapitre 14**, qui se poursuit au **chapitre 15** avec une simulation du PIB et de la croissance !

Le **chapitre 16** propose une observation du comportement des consommateurs face à l'innovation, développe la notion de Part d'Innovation dans la Valeur d'un Bien (PIVB) et conclut par une estimation de l'impact de l'innovation protégée dans la croissance économique nationale.

La conclusion est présentée au **chapitre 17**, qui liste quelques recommandations pour vitaliser la société française et répond à la question posée en titre de cet essai, en proposant une évaluation de la contribution financière d'une demande de brevet à l'économie.

Une bibliographie des ouvrages consultés, la liste des titres de Propriété Industrielle (PI) et notamment des mascottes PIfox qui illustrent cet essai, ainsi que quelques pages du Blog Internet sont présentées en **annexes**.

Souhaitons que cette publication soit mise à jour à l'avenir en ce qui concerne la France, et qu'elle soit complétée par de semblables travaux relatifs à d'autres pays, tels par exemple les États-Unis, le Japon, le Canada, l'Australie, l'Allemagne, le Royaume-Uni ou la Finlande.

Toutes les contributions seront les bienvenues à l'adresse Internet **ip@malemont.com**, et nous en remercions par avance leurs auteurs.

Chapitre 2

# Le Blog Internet www.ipness.org

*Piètre disciple,*
*qui ne surpasse pas son maître.*
Léonard de Vinci

Avant d'entreprendre cet essai, je me suis demandé si son objectif n'était pas trop ambitieux, voire quelque peu présomptueux; avoir pour but d'associer l'austère Propriété Industrielle (PI) et le bien-être économique représenté par le PIB, résumer tout ceci par la formule :

**IPness = HAPPYness**

n'était-ce pas viser trop haut ? Se permettre, avec courtoisie et considération, d'évaluer les travaux de chercheurs réputés et compétents, puis mettre en lumière certains blocages de la société française, n'était-ce pas s'ériger en donneur de leçon ? Puis je me suis dit qu'il n'existait pas de publication destinée à un large public et notamment aux étudiants, qui soit favorable à la Propriété Industrielle (PI) et qui présente des arguments montrant son impact quotidien dans l'économie, ainsi que quelques suggestions pour l'avenir.

J'ai donc décidé de poursuivre mon chemin, en constituant un groupe de spécialistes, et en utilisant les outils modernes de communication, au moyen d'un **blog Internet** à l'adresse **www.ipness.org**. Ce chapitre a pour but de présenter le groupe de « blogueurs » et la méthode de travail employée de mars à décembre 2004.

## 1 Les « blogueurs »

Les membres du groupe de travail ont été, par ordre chronologique d'entrée en scène :

- **Henri-Christian Peuchot**, un ami de quarante ans. Cadre bancaire de formation économique, à l'esprit curieux et indépendant, il a toutes les qualités pour rédiger le chapitre sur la présentation du PIB, et m'accompagner dans toutes les étapes de cette recherche.
- **Jean Lory**, un ami depuis plus de trente ans; lorsque je lui ai présenté ce projet, il a posé la question qui s'impose : y a-t-il des brevets rentables et comment mesurer cette rentabilité ? Avocat, enseignant universitaire, il a accepté de préfacer cet essai.
- **Siham Lyamoudi**, étudiante en Magistère Économie & Gestion, Modélisation appliquée, a consacré un jour par semaine, de mai à septembre 2004, à analyser au plan statistique

les données que nous avons choisi d'étudier et à rédiger un rapport qui a servi de base aux chapitres sur la modélisation.

• **Jean-Paul Kédinger**, Docteur en chimie, Conseil en Propriété Industrielle et associé du Cabinet Malemont, a recherché dans les bases de données des Offices de Propriété Intellectuelle (INPI, OEB et OMPI) les informations chiffrées relatives aux dépôts de demandes de brevet, a contribué à la rédaction de la partie Propriété Industrielle et à la révision de l'ensemble du texte.

• **Pierre-Loïc Michon**, un ami de trente ans; informaticien de renom au sein de la société DEFII, spécialiste des microprocesseurs et des bases de données, il a coordonné la partie informatique de ce projet.

• **Sébastien Almiron**, concepteur de sites Internet au sein de la société Net-Altitude, a été chargé de créer et de gérer le blog www.ipness.org, jusqu'en octobre 2004.

• **Dominique Mojal**, qui a déjà réalisé la direction éditoriale du récit, *Le Brevet du toit du monde* (Sophie Latour, Marc Chauchard, éditions Albin Michel), a révisé ce texte de fond en comble pour en faciliter la lecture et s'est chargée de l'édition; si des coquilles subsistent, elles sont de mon fait.

• **Philippe Raynal**, dessinateur de renom, a été mis à contribution pour créer la mascotte PIfox qui illustre ce texte et en anime la lecture.

• **Martine Karsenty-Ricard**, Avocat à la Cour, a rédigé les contrats relatifs aux droits d'auteur.

• **Alain Gaspard**, un ami depuis nos études au Lycée Hoche de Versailles; médecin, il a contribué à la recherche documentaire et m'a fait bénéficier de ses suggestions.

• **Laetitia Barloy**, gérante de la société informatique Net-Altitude, est à l'origine de la création du blog Internet www.ipness.org.

• **Bruno Porlier** a conçu et mis en page la maquette de la publication.

Je tiens à les remercier sincèrement pour leur professionnalisme et leur amical engagement dans toutes les phases de préparation, de rédaction, de révision et de mise en forme.

Je souhaite aussi remercier les Associés et Collaborateurs du Cabinet Malemont, qui, toutes et tous, à un moment ou à un autre, ont inspiré ou facilité mon travail : Laurent Bismuth, Mélanie Blancke, Sophie Bossard, Adélaïde Broguet, Jean-Philippe Carpin, Claude Chameroy, Pascale Cosimi, Ghislaine Dechance, Mireille Desbois, Carine Domingues, Séverine Frainais, Valentina Ganesan, Annick Goyet, Hélène Havlik, Robert Hud, Armelle Lecuyer, Robert Lemoine, Françoise Le Pannetier, Isabelle Oudard, Émilie Petrovic, Jeannine Piron, Annie Résiqui, Bernadette Rouaud et Ghislaine Vanwinsberghe.

Merci également à Maud Chalain (Cabinet d'Avocats Lory-Le Guillou), Francis Ahner (Cabinet Rejimbeau), Pierre Deschamps (société Deschamps), Jean-Jacques Joly (Cabinet Beau de Loménie) et Olivier Barloy (société Ordipat), qui, à un stade ou à un autre, ont eu connaissance de ce projet et m'ont encouragé.

Un grand merci à mon père Robert Chauchard, dont le jugement précieux a permis d'améliorer ce texte.

Merci enfin aux collaborateurs de l'INPI, de l'OEB et de l'OMPI qui nous ont aidés à collecter les statistiques de Propriété Industrielle (PI) : Mirjam Cavalleri, Dominique Debert, Laurence Joly, Davide Lingua, William Meredith, Marc Nicolas et Peter Paris.

## 2 Le blog www.ipness.org

Comme l'univers auquel nous appartenons, Internet est en perpétuelle expansion. Depuis les balbutiements des réseaux informatiques il y a cinquante ans, en passant par l'aventure industrielle d'InfoMedia dans les années 1980, la « Toile » a conquis le monde et met des milliards de pages d'informations utiles – mais parfois aussi ignobles – à la disposition de tous. Récemment, les « weblogs » ou « blogs » sont venus s'ajouter à la panoplie dont disposent les surfeurs du Net : il s'agit d'une messagerie spécialisée sur un sujet, par exemple le droit d'auteur, la pêche à la truite, les risques nucléaires, le développement durable ou encore la fabrication de maquettes.

Tous les participants à un blog peuvent consulter au jour le jour les informations dès qu'elles sont publiées et ajouter leurs propres commentaires en ligne, sans qu'il y ait besoin de fournir une liste de destinataires. Il s'agit d'un outil de communication ouvert à une communauté d'utilisateurs, le gestionnaire du blog ayant la faculté de restreindre l'accès de tout ou partie du blog à des internautes particuliers. Un blog peut aussi offrir des options de téléconférence en ligne (de discussion ou « chat »), et permet d'archiver et de retrouver les messages échangés mois par mois. Il existe à ce jour des dizaines de milliers de blogs, certains étant très largement consultés, d'autres confidentiels.

Notre blog, à l'adresse www.ipness.org, a été rendu accessible à tout internaute, où qu'il soit dans le monde; cependant, son contenu a été restreint au moyen d'un premier code d'accès (ipness) pourvu d'un premier mot de passe (happyness) qui a permis à tous les membres de notre groupe de prendre connaissance des messages, tandis qu'un second code d'accès privé pourvu d'un second mot de passe personnel donnait à chacun la faculté de rédiger des billets. Le blog a été utile pour s'informer de la progression de la collecte et de l'analyse des données et plus tard pour réviser chaque chapitre et échanger des idées. Quelques billets du blog sont reproduits, pour l'exemple, dans les dernières pages de cette publication. Le blog est un excellent moyen de communication partagée, il correspond aux méthodes modernes de coproduction d'un projet, en particulier lorsque les intervenants ne se trouvent pas réunis en un même lieu, ce qui est la norme aujourd'hui.

Réunir des « experts », disposer d'un instrument de communication efficace et moderne sur Internet ne suffisait pas, il nous fallait également analyser les données recueillies.

## 3 Les logiciels Word, Excel (Microsoft) et SPAD (Decisia)

Plusieurs logiciels de traitement de texte et d'analyse économique sont proposés sur le marché. Le tableur Microsoft Excel dispose d'une large bibliothèque de fonctions intégrées et du langage de programmation Visual Basic for Applications (VBA). Excel a été employé pour classer les données dans des tableaux, tracer certaines courbes, tandis que Microsoft Word a servi pour la saisie du texte et sa mise en forme, au moyen de la fonction de suivi des modifications. Une seule remarque s'impose en ce qui concerne Microsoft Word, s'agissant d'élaborer à plusieurs un document assez long, de l'ordre de la centaine de feuillets : l'accès direct aux pages des chapitres, puis la modification de ces pages ont conduit à de nombreuses refontes de la pagination et de la numérotation; il serait souhaitable de disposer d'un système d'onglets (comme sur Microsoft Excel), reliés l'un à l'autre, de manière à ce que par exemple l'ajout d'un paragraphe soit facilité.

La société Decisia, informée de notre projet, a mis à notre disposition le logiciel SPAD sous la forme d'un prêt d'une durée de vingt semaines; cet outil, conçu pour l'analyse de données et bien maîtrisé par Siham Lyamoudi, fut une aide précieuse pour les calculs de corrélation, l'élaboration de modèles économétriques et la simulation. Je souhaite adresser ici nos remerciements aux dirigeants de la société Decisia, pour la générosité dont nous avons bénéficié.

Notre objectif étant fixé, les intervenants retenus, les outils informatiques sélectionnés, nous pouvions aller de l'avant, mais d'abord, il était nécessaire de revenir aux sources et de définir les principaux termes employés : invention, brevet d'invention, Propriété Industrielle (PI) et Produit Intérieur Brut (PIB); ce sera l'objet des chapitres suivants.

Chapitre 3

# Théories et publications

*L'innovation vient de la destruction créative.*
Yoshihisa Tabuchi

*Le client n'est pas la source de l'innovation.*
Joseph Schumpeter

Lorsque la situation de la France est comparée à celle d'autres pays industrialisés, le diagnostic suivant fait l'objet d'un consensus général : la France, cinquième puissance mondiale, subit un **décrochage récurrent en terme de croissance**; ce qui est moins souvent relevé par les analystes, c'est qu'elle connaît aussi une situation **de relative léthargie dans le domaine de la Propriété Industrielle (PI)**, par rapport à ces autres pays.

En ce qui concerne le Produit Intérieur Brut (PIB), sur la période 1994-2003, la croissance moyenne (source INSEE) a été de 6,8 % en Irlande, 3,2 % en Finlande, 2,6 % au Royaume-Uni et en Suède, 2,1 % aux États-Unis et au Danemark, **mais seulement de 1,7 % en France !** L'Allemagne, avec une croissance sur la période de 1,2 %, connaît une situation particulière du fait de la réunification.

Une différence de croissance moyenne de l'ordre ou inférieure à 1 % peut paraître faible mais, cumulée sur une décennie, **l'écart résultant est loin d'être négligeable** : à titre d'exemple, un revenu initial annuel de 30000 euros devient 33138 euros avec 1 % de croissance annuelle et 34816 euros avec 1,5 % de croissance annuelle, soit une différence qui augmente d'année en année pour atteindre plus de 1600 euros par an la dixième année, et qui entraîne une différence cumulée de presque 9000 euros, comme il apparaît dans le tableau ci-dessous.

| Années | Croissance de 1,5 % | Croissance de 1 % | Différence annuelle |
|---|---|---|---|
| **Revenu initial** | 30 000,00 € | 30 000,00 € | – |
| Année 1 | 30 450,00 € | 30 300,00 € | **150,00 €** |
| Année 2 | 30 906,75 € | 30 603,00 € | **303,75 €** |
| Année 3 | 31 370,35 € | 30 909,03 € | **461,32 €** |
| Année 4 | 31 840,91 € | 31 218,12 € | **622,79 €** |
| Année 5 | 32 318,52 € | 31 530,30 € | **788,22 €** |
| Année 6 | 32 803,30 € | 31 845,60 € | **957,69 €** |
| Année 7 | 33 295,35 € | 32 164,06 € | **1 131,29 €** |
| Année 8 | 33 794,78 € | 32 485,70 € | **1 309,08 €** |
| Année 9 | 34 301,70 € | 32 810,56 € | **1 491,14 €** |
| Année 10 | 34 816,22 € | 33 138,66 € | **1 677,56 €** |
| **Cumul sur la décennie** | | | **8 892,83 €** |

En ce qui concerne la Propriété Industrielle (PI), le nombre de demandes de brevet français déposées par des ressortissants français (source OMPI) est de l'ordre de 13 500, soit rapporté à la population (source INSEE) **une moyenne de 2,27 demandes de brevet pour dix mille habitants** ; cette moyenne est également inférieure à celle observée dans d'autres pays, puisqu'elle est de 2,31 en Irlande, 3,36 au Danemark, 3,43 au Royaume-Uni, 3,75 en Suède, 4,62 en Finlande, 5,74 en Allemagne, 6,34 aux États-Unis. Notons que les chiffres ci-dessus portent sur les demandes de brevet nationales déposées par des ressortissants de chacun des pays cités, et que le PIB prend en compte les données officielles fournies par les pays eux-mêmes ; il sera établi plus loin que ces informations ne sont pas homogènes, ce qui nous invite à la plus extrême prudence quant à l'interprétation du tableau et du graphique suivants.

| 1994-2003 | Irlande | Finlande | Royaume-Uni | Suède | États-Unis | Danemark | France | Allemagne |
|---|---|---|---|---|---|---|---|---|
| Croissance moyenne du PIB | 6,8 | 3,2 | 2,6 | 2,6 | 2,1 | 2,1 | 1,7 | 1,2 |
| Demandes de brevet pour 10 000 habitants | 2,31 | 4,62 | 3,43 | 3,75 | 6,34 | 3,36 | 2,27 | 5,74 |

Pour faciliter la lecture du graphique, une ligne horizontale indique le niveau de croissance de la France.

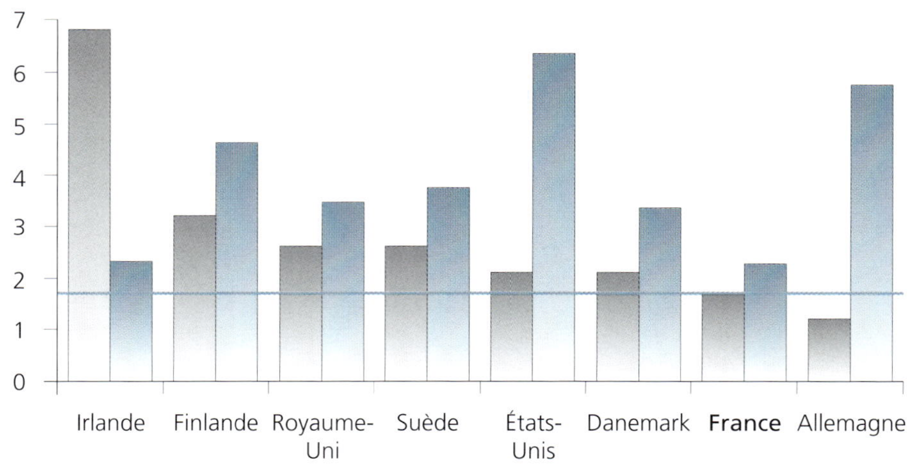

À la lecture de ce graphique et si l'on excepte l'Allemagne réunifiée, nous observons que les pays bénéficiant en moyenne d'une meilleure croissance du PIB que la France présentent également une moyenne de demandes de brevet supérieure à celle de la France. Rappelons que ce « coup de projecteur » macro-économique ne peut traduire la diversité des situations des pays cités, ni en terme de comptabilité nationale, ni en terme de politique de protection de l'innovation brevetable.

Cependant, ne devrions-nous pas nous interroger sur **un certain parallèle existant entre le déficit de croissance et la faiblesse du recours à la protection de l'innovation en France**, ceci d'autant plus que l'innovation est souvent mise en exergue comme étant le **moteur de la croissance** ?

D'innombrables thèses, documents, articles, prises de position d'économistes, d'experts ou d'hommes politiques soulignent l'importance de l'innovation dans le processus de croissance du Produit Intérieur Brut (PIB). Depuis Joseph Schumpeter, de multiples théories économiques sur la croissance ont vu le jour et sont enseignées dans les universités : croissance endogène, croissance exogène et leurs variantes; elles tracent les liens entre **innovation et croissance**. William Sollow, Paul Romer, Douglass North, Hisamitsu Arai, Gilles Koléda, et bien d'autres éminents chercheurs ont analysé des millions de données, ont produit d'excellentes contributions dans ce domaine et ont proposé de nombreux modèles économiques; cependant **le brevet d'invention reste le parent pauvre de ces travaux**; on cite souvent la recherche, l'innovation, les entreprises innovantes, les « jeunes pousses », mais rarement la Propriété Industrielle (PI) et pratiquement jamais le brevet ! Or, le nombre de demandes de brevet apparaît comme la donnée quantitative traduisant de la manière la plus concrète les résultats d'une politique de recherche et d'innovation. De plus, la **relation de cause à effet** entre le développement technologique et la croissance économique est suggérée mais pas vraiment établie ni mesurée, ou parfois elle est posée comme un postulat : que représente en terme de PIB un brevet supplémentaire, à supposer, ce qui n'est pas réaliste, que les brevets soient tous considérés comme apportant une contribution du même ordre au PIB ? Quel est l'effet sur la croissance du PIB d'un investissement en Recherche & Développement couronné de succès par une innovation brevetable et brevetée ?

Compte tenu de l'affirmation quasi unanime selon laquelle **l'innovation est le moteur de la croissance économique**, il serait intéressant de vérifier si on retrouve pour d'autres pays le parallèle observé en France entre la faiblesse courante de la croissance du PIB et la relative stagnation quantitative du recours à la Propriété Industrielle (PI) ou, au contraire, une correspondance entre une croissance soutenue et une politique active en matière de Propriété Industrielle (PI). Ceci est cependant difficile, car des **disparités considérables** apparaissent d'un pays à l'autre lorsqu'il s'agit de comparer des données ayant une même acception officielle, comme par exemple :

– les **critères de brevetabilité**, les différents titres de Propriété Industrielle (PI) et les procédures de délivrance des brevets sont différents d'un pays à l'autre, et peuvent évoluer chaque jour au gré des législations;

– les **statistiques** de dépôts de demandes de brevet, de brevets délivrés et de titres en vigueur ne sont pas harmonisées au plan international ;

– la plupart des **études** publiées en France sur la Propriété Industrielle (PI) confondent et mélangent des demandes de brevet et des brevets de nature et d'origine différentes ;

– les **traitements comptables** nationaux diffèrent dans des proportions non négligeables, lorsqu'ils ne sont pas faussés (cf. l'affaire Eurostat) ;

– les **données intégrées dans le PIB** sont loin d'être homogènes d'un pays à l'autre ;

– les **économistes** proposent chaque jour de nouveaux indicateurs mesurant de manière plus fiable l'activité économique ;

– les **statistiques économiques** ne sont pas non plus harmonisées ;

– enfin, la **perception même de la Propriété Industrielle (PI)** est très différente d'un pays à l'autre, pour diverses raisons historiques et culturelles.

Les critères de brevetabilité, les procédures de dépôt des demandes de brevet, d'examen et de délivrance des brevets, les procédures en matière de contrefaçon font l'objet de lois nationales. Même les titres de Propriété Industrielle (PI) sont différents (tous les pays ont cependant adopté le brevet d'invention, mais celui-ci ne correspond pas à un objet brevetable uniformisé au plan mondial) et font l'objet de systèmes distincts de taxes de maintien ; il subsiste encore, malgré une tendance lente à une harmonisation au plan international, des différences majeures, non seulement dans l'appréciation de la brevetabilité mais également dans les modalités des procédures officielles et judiciaires ; il n'est besoin que de citer l'exemple des États-Unis, qui appliquent encore la règle du premier inventeur (au lieu du premier déposant) et qui jouissent du privilège d'être le pays dans lequel les procès entraînent des dépenses les plus exorbitantes au monde. L'Europe a réalisé quelques progrès sur la voie de l'harmonisation depuis la mise en place de la Convention sur le Brevet Européen, qui ne concerne cependant que les étapes allant du dépôt à la délivrance des demandes de brevet, les juridictions nationales des pays membres de cette convention étant souveraines pour apprécier la validité d'un brevet délivré ainsi que les faits de contrefaçon. De nombreux ouvrages, revues et études analysent ces questions très techniques, que nous ne détaillerons pas davantage dans le cadre de cet essai.

Il faut se souvenir tout simplement qu'il y a des brevets d'invention dans tous les pays, mais qu'un brevet d'invention en France n'est pas identique à son homologue américain, canadien, japonais, allemand ou finlandais !

Outre les dispositions relatives aux brevets, nous donnons quelques illustrations des disparités mentionnées ci-dessus, au travers d'une sélection d'études ou de publications, relatives aux sujets suivants :

– le postulat Recherche/Croissance,
– les différences de calcul du Produit Intérieur Brut (PIB),
– le lien Innovation/Propriété Industrielle (PI).

## 1 Le postulat Recherche/Croissance

**Exemple n° 1**

Bernard Ramanantsoa, directeur général du groupe HEC, dans un article publié en mars 2004 *(Le Figaro)*, soutient que « la recherche [...] est à la source de la croissance » et précise « Aux États-Unis, les dépenses de recherche ont atteint un niveau tel, en 2003, qu'elles expliqueraient plus de la moitié de la croissance du PIB au deuxième trimestre ». Il serait utile de disposer d'une démonstration d'un tel impact positif des efforts de recherche aux États-Unis sur la croissance économique de ce pays.

**Exemple n° 2**

Gerhard Schröder, Chancelier allemand, a déclaré, lors de la présentation des priorités de son gouvernement pour 2004 : « Only if we manage to keep our innovation at the top will we be able to reach a level of prosperity that will allow us to keep our welfare system in today's changing conditions » (« How Europe lost its science stars », traduction du magazine *Time*). Cette profession de foi montre qu'au moins le Chancelier allemand est convaincu de la nécessité de promouvoir l'innovation dans son pays.

Cependant, la réalité est quelque peu différente, et ces belles paroles restent non pas lettres mortes, mais au stade des intentions louables : en effet, l'objectif de l'Union européenne (UE) de consacrer 3 % du PIB dans chaque pays à la recherche n'est atteint que par la Finlande et la Suède. En France, on est très loin de l'objectif fixé, et il convient de prendre en compte la place respective qu'occupent les recherches publique et privée et les partenariats de recherche public/privé.

Par ailleurs, la culture administrative de l'Union européenne reste largement prioritaire par rapport à la culture scientifique; diverses mesures fiscales en faveur de la recherche ont été améliorées mais elles restent très en deçà des besoins et très loin derrière ce qui se pratique aux États-Unis, qui ont notamment mis en œuvre une politique de « brain drain » pour dépister, attirer et rémunérer des chercheurs étrangers. Une bonne nouvelle cependant : la Commission européenne pousse à la formation du Conseil européen pour la recherche (CER), ou European Research Council (ERC), qui devrait voir le jour avant fin 2004, avec un budget annuel de 2 milliards d'euros; souhaitons le plein succès à ce nouvel instrument de politique économique.

**Exemple n° 3**

Les sociétés d'assurances (la Fédération française des sociétés d'assurances – FFSA – et le Groupement des entreprises mutuelles d'assurances – GEMA) ont pris l'engagement de consacrer 6 milliards d'euros supplémentaires au financement des Petites et Moyennes Entreprises (PME) à fort potentiel de croissance. Cette somme reste modeste au regard des 800 milliards d'euros de fonds gérés et des 80 milliards d'euros de collecte annuelle de l'assurance-vie, mais il s'agit d'un effort louable, d'autant plus qu'il est supérieur aux 4 milliards d'euros investis en 2003 en France par les sociétés de capital-risque. Plusieurs quotidiens ont diffusé cette information en septembre 2004, mais le lien existant entre un investissement dans une entreprise innovante et le résultat attendu en terme de croissance n'est pas établi ; soulignons que ni l'expression Propriété Industrielle (PI) ni le terme brevet ne figurent dans les comptes rendus de presse dont nous avons eu connaissance (*Le Monde*, *Le Figaro*, *Les Échos*).

**Exemple n° 4**

Dans une enquête également publiée en septembre 2004, un grand hebdomadaire du week-end affirme « [...] Si la richesse par habitant est inférieure en France de 25 % par rapport aux États-Unis, c'est aussi par manque d'innovation. [...] ». Selon cette enquête, les nouvelles Technologies Informatiques et de Communication (TIC) auraient accru la productivité des entreprises américaines, et les gains en résultant auraient été réinvestis dans ces mêmes entreprises. Or, d'une part il ne suffit pas d'investir pour prospérer, d'autre part la performance américaine ne saurait s'expliquer que par les TIC, qui sont l'une des composantes du dynamisme outre-atlantique ; il est vraisemblable que la réussite économique aux États-Unis ait pour origine une combinaison de facteurs tous favorables à la prise de risque et à l'innovation technologique.

L'un des experts interrogés dans l'enquête précise : « la recherche constitue un formidable levier pour la nouvelle croissance des années à venir » ; au-delà de cette profession de foi dans la recherche, on n'en trouve pas la démonstration. Trente entreprises dont la performance « rime avec excellence » sont présentées, mais sans analyse au fond des causes ayant entraîné le succès. Les termes « Propriété Industrielle (PI) » ou « brevet d'invention » ne figurent dans aucune de ces présentations d'entreprises. Même si la recherche est souvent citée comme étant porteuse d'avenir, on souhaiterait comprendre le mécanisme qui va de la recherche à la croissance, et disposer d'une évaluation chiffrée de l'impact de l'innovation sur la progression du Produit Intérieur Brut (PIB).

**Exemple n° 5**

Rendu public fin septembre 2004, le projet de budget de l'État pour l'année 2005 prévoit d'attribuer un milliard d'euros supplémentaires à la recherche, suite à la recommandation du Comité d'initiative et de proposition (CIP), ce qui porterait à environ 9 milliards d'euros le budget global du ministère de la Recherche : c'est la plus forte augmentation depuis dix ans. Elle trouve ses origines dans le malaise que connaît le monde scientifique depuis plusieurs années et fait suite aux remous provoqués par les chercheurs depuis la fin de l'année 2003. Parmi les moyens mis en place, une Agence nationale pour la recherche (ANR) serait créée au 1er janvier 2005, avec un budget de 350 millions d'euros; la recherche publique et la recherche privée seront aidées, et le statut de la Jeune Entreprise Innovante (JEI) sera renforcé. Les Établissements publics à caractère scientifique et technologique (ERST) et les Établissements publics à caractère industriel et commercial (EPIC) recevront un tiers de l'augmentation annoncée. L'innovation et la recherche privées se voient attribuer 300 millions d'euros.

Chacun peut, en toute légitimité, s'interroger, au vu de cette dépense supplémentaire d'un milliard d'euros, sur les résultats attendus, en terme d'innovations, de publications scientifiques, d'inventions ou de brevets. Le ministre François d'Aubert a cependant précisé qu'« on ne peut légitimer cette augmentation que par la réforme ». Ce budget sans contrepartie de la part des bénéficiaires est un effort significatif de la collectivité nationale, dont il reste à espérer un « retour sur investissement » sous une forme ou sous une autre. Il serait souhaitable que les moyens accordés à la recherche soient assortis de conditions précises relatives à l'efficacité de leur utilisation et aux objectifs visés.

**Exemple n° 6**

Le rapport final des États généraux de la recherche rédigé par le Comité d'initiative et de propositions (CIP) mentionné ci-dessus a été remis au ministre de l'Éducation nationale, de l'Enseignement supérieur et de la Recherche, le 10 novembre 2004. Il contient les recommandations reprises dans leurs grandes lignes dans le budget de l'État pour 2005. Il constitue la synthèse des revendications des « acteurs de la recherche publique ». La connaissance scientifique y est caractérisée comme étant « un bien public dont l'État est le principal promoteur et dont il est le garant ». Des moyens considérables en personnels et matériels seraient nécessaires à la bonne conduite de cette mission d'intérêt général et l'Avertissement placé en tête du Rapport se termine par une phrase lourde de signification : « La sagesse politique voudrait que les conclusions du document soient prises en compte par le gouvernement ».

L'idée maîtresse qui dirige ce Rapport est le caractère public de la recherche publique; l'appropriation de la connaissance serait « illégitime et incohérente avec la démarche scientifique : on ne peut, et on ne doit pas breveter les concepts ou les idées mais seulement les procédures et techniques qui en sont issues ».

Or, ceci n'est rien d'autre que la loi actuelle dans le domaine de la Propriété Industrielle (PI), et point n'est besoin de rappeler cette évidence qui s'applique à tous, dans le but de cantonner la recherche publique dans le seul rôle d'élaboration puis de diffusion des connaissances : nous soutenons pour notre part que l' « excitation intellectuelle de la connaissance » n'exclut nullement la valorisation par l'État, lorsque la loi l'autorise, du fruit de ses travaux, lorsque son objet est brevetable.

Divers aspects positifs ressortent de ce Rapport : la constatation faite pas ses propres rédacteurs des lourdeurs des mécanismes de gestion d'une part, et le besoin d'évaluation des recherches d'autre part. Cependant, force est de constater que le passage du Rapport relatif à la valorisation des connaissances scientifiques s'accompagne de considérations limitatives, restrictives et relativement partiales sur le brevet d'invention, qui serait responsable d'« infléchir le rythme général des découvertes ». Lorsque le thème de la Propriété Industrielle (PI) est abordé – l'expression n'est jamais employée, alors que les mots « recherche » et « chercheur » figurent plus de mille fois –, ce n'est pas en termes laudatifs, loin s'en faut. Nous estimons et montrerons qu'au contraire la recherche ne pâtit en aucune manière, ni en quantité ni en qualité, d'une certaine valorisation préalable à la diffusion des connaissances.

Ce Rapport met en lumière une certaine incompréhension entre les acteurs de la recherche publique et leur rôle dans la société française, qui serait de fournir des moyens accrus sans contrepartie ; nous pensons pour notre part que ce rôle éminent, au vu des résultats exemplaires de la recherche française, n'aurait nullement à souffrir, lorsque c'est possible, d'une politique parallèle de valorisation de ces résultats.

**Exemple n° 7**

Nicolas Sarkozy, alors ministre d'État, ministre de l'Économie, des Finances et de l'Industrie, constatant l'atonie de la croissance française, a demandé à Michel Camdessus, dans une lettre du 17 mai 2004, de constituer un groupe d'experts afin d'en analyser les causes et de proposer des solutions pour y remédier. Le Rapport officiel connu sous le nom de « Rapport Camdessus », a été publié le 19 octobre 2004, sous le titre « Le sursaut, Vers une nouvelle croissance pour la France » et dresse en deux cents pages environ l'état des lieux, fixe des priorités, dans le domaine économique, social et politique, pour « agiliser l'État ». Ce Rapport comporte une description peu optimiste de la situation de la France, « engagée dans un processus de décrochage en terme de croissance ». Les rigidités et blocages français sont exposés sans concession ; les auteurs affirment leur foi dans une « économie de la connaissance », les innovations étant à la source d'un « formidable moteur de croissance ». Selon les rédacteurs de cette publication, la « faiblesse de la recherche privée n'est expliquée par aucune étude ». Quelques hypothèses sont avancées pour justifier cette faiblesse : moindre développement du secteur des Technologies de l'Information et des Communications (TIC) et des services, insuffisance d'interactions entre recherches publique et privée, moindre attractivité de la France pour les implantations de centres de recherche. La lecture de ce rapport publié par La Documentation française est vivement recommandée, tant pour le diagnostic réalisé en quelques mois que pour les propositions qu'il renferme.

On y constate encore cependant que la Propriété Industrielle (PI) en est le parent pauvre : jamais citée dans l'ouvrage, alors que l'on trouve 273 citations du terme « croissance », 130 citations du terme « recherche » et 73 citations relatives à l'innovation ou aux entreprises innovantes. Le terme « brevet » est cité trois fois dont deux fois dans la même phrase, mais il n'est nullement présenté de lien entre le brevet, la recherche et l'innovation. Les Petites et Moyennes Entreprises sont divisées en deux catégories : les PME traditionnelles et les PME innovantes, alors que l'innovation est bien présente dans toutes les entreprises, ce qui dénote une relative méconnaissance du tissu industriel français qui n'est limité ni aux « jeunes pousses », ni aux TIC.

## 2 Le Produit Intérieur Brut (PIB)

**Exemple n° 1**

Le Produit Intérieur Brut (PIB) est, selon la définition officielle, la somme des valeurs ajoutées des entreprises d'un pays; or les États-Unis y intègrent depuis 1996 les systèmes d'armement, ce qui n'est pas le cas en Europe. La conséquence en serait, selon Michel Lequiller, qui s'est exprimé sur ce sujet lors d'un séminaire du Commissariat général au Plan, un relèvement de 2,3 % du PIB américain; mais l'impact de cette mesure sur la croissance ultérieure du PIB ne serait que de 0,2 % à 0,3 % aux États-Unis. Il en résulte que toute analyse sur le PIB des États-Unis devrait tenir compte de cette modification des règles comptables depuis 1996, et que toute étude comparative avec les pays européens n'est pas homogène.

**Exemple n° 2**

Une autre définition officielle du Produit Intérieur Brut (PIB), strictement équivalente à celle donnée ci-dessus, est la somme de la consommation privée et de celle des administrations, de l'investissement et des exportations moins les importations. Cette définition exclut la production « domestique » des ménages qui, selon Jean-Pierre Robin, fournirait 42,7 milliards d'heures contre 38,8 milliards d'heures pour le travail professionnel, cet écart s'étant creusé depuis la loi sur les « 35 heures »; si l'on valorisait à hauteur du SMIC ce travail domestique, on devrait relever le PIB de 300 milliards, soit environ 20 %. Il en résulte que, faute d'une définition harmonisée au plan international des composantes du PIB, il faut se satisfaire des données existantes pays par pays.

**Exemple n° 3**

L'Institut pour le développement durable (IDD) a proposé un indicateur économique concurrent du PIB, tenant compte de données additionnelles, telles le nombre de chômeurs, les revenus, l'endettement et les consommations dites essentielles comme l'eau ou l'énergie. Selon cette publication récente, il est difficile de remonter dans le temps avant 1990. Il serait donc souhaitable que les économistes adoptent des normes uniformes ou qu'ils adaptent les données les plus anciennes, afin d'être en mesure de conduire des études sur des bases homogènes et sur le long terme.

**Exemple n° 4**

Philippe Busquin, Commissaire européen chargé de la Recherche de 1999 à 2004, affirme dans une interview publiée en octobre 2004 *(Le Figaro)* que « la moitié de la croissance économique [...] est liée à la recherche et à l'innovation », sans en apporter cependant de démonstration ; il n'en reste pas moins que cet expert reconnu est un ardent défenseur du Brevet Communautaire, qui est en gestation. Une autre illustration en Europe (*L'Expansion*, novembre 2004) des difficultés à connaître et à utiliser des données économiques homogènes et sûres est l'aventure d'Eurostat, l'Institut officiel européen de statistiques, établi il y a cinquante et un ans, doté d'un budget de 94 millions d'euros, pourvu d'un effectif de 730 agents (en 2003) et qui collecte les données des 25 instituts de statistiques européens. Outre de présumées irrégularités de gestion qualifiées « d'énorme problème » par Jean-Claude Trichet, président de la Banque centrale européenne (BCE), les statistiques elles-mêmes, en provenance de la Grèce, puis maintenant de l'Italie, sont soupçonnées d'avoir été « maquillées », le déficit public réel étant bien supérieur aux chiffres présentés. Un nouveau directeur général d'Eurostat a été nommé depuis mai 2003 ; il produit un travail de remise en ordre qualifié de remarquable et qui, espérons-le, portera ses fruits rapidement.

## 3 Le lien Innovation/Propriété Industrielle (PI)

**Exemple n° 1**

Kamil Idris, Directeur général de l'Organisation Mondiale de la Propriété Intellectuelle (OMPI, en anglais World Intellectual Property Organization ou WIPO), dans un ouvrage généreux et documenté, publié en anglais par cet organisme sous le titre *Intellectual Property, a power tool for economic growth*, met l'accent sur les résultats engendrés par la Propriété Industrielle (PI), à laquelle il associe les « Traditional Knowledge » ou TK. La Propriété Industrielle (PI) n'est pas considérée comme n'ayant qu'un impact économique, mais comme participant de manière globale au développement d'un pays, surtout s'il est justement en voie de développement, sous divers aspects : formation des cadres, frein au départ des élites et des chercheurs, partenariats avec les détenteurs de TK, renforcement de l'identité nationale, mise en valeur des atouts nationaux locaux et en particulier savoir-faire en matière d'irrigation, méthodes thérapeutiques traditionnelles, coutumes musicales, artistiques ou vestimentaires. La revue de l'OMPI, qui paraît en anglais (*World Intellectual Property Organization Review* ou *WIPO Review*) et en français, a abondamment illustré cet ouvrage de son directeur général en publiant en 2004 une série d'articles, chacun consacré à un cas particulier dans un pays :

– au Kenya, une équipe de recherche des universités de Nairobi et d'Oxford a mis au point un médicament visant à prévenir l'infection par le VIH et a procédé au dépôt d'une demande de brevet « susceptible d'être une source de devises considérable pour le pays » ; l'article indique que ce projet a contribué au développement national, grâce aux revenus éventuels des actifs de Propriété Industrielle (PI), à l'augmentation des capacités de recherche et à la formation de scientifiques, mais il n'est pas précisé quels sont les impacts financiers sur la croissance économique.

– Au Nigeria, l'Institut pharmaceutique national (NIPRD) a mis au point et breveté, en collaboration avec un praticien traditionnel, un médicament (le Nicosan) pour traiter la drépanocytose. Le produit est à base de plantes locales et un contrat de licence exclusive de production et de commercialisation a été conclu avec la société américaine Xechem ; cependant, les revenus attendus pour le pays sont encore au stade des espérances.

– En Afrique du Sud, le « célèbre » cactus hoodia a des propriétés coupe-faim et peut donc être utile pour lutter contre l'obésité ; le CSIR, Conseil sud-africain de la Recherche, a mis en lumière ces propriétés et le savoir-faire ancestral de la peuplade San a été reconnu dans le processus de découverte et de valorisation du hoodia. Une demande de brevet national a été déposée en 1997, suivie d'une demande internationale ; la société britannique Phytopharm a reçu licence pour compléter les essais et commercialiser le produit ; une partie des redevances sera versée aux San, qui espèrent plus de 1,5 million de dollars US au minimum. Au-delà du partage prévu entre le CSIR et les San des éventuels revenus liés au hoodia, un accord de partage de savoir-faire a été conclu : c'est un moyen pour les San de se protéger et de défendre leur rôle dans la mise au point de produits ayant une valeur et issus en partie au moins de leurs connaissances traditionnelles ; il n'y a pas d'évaluation chiffrée du lien entre investissements, recherche et croissance, mais l'article affirme qu'en développant un actif fondé sur des savoirs autochtones et en obtenant des brevets, on crée des richesses partagées entre les divers acteurs impliqués dans le processus de recherche. L'OMPI attire également l'attention sur le fait que l'on ne devrait pas se servir des connaissances des populations locales pour en tirer des profits qui ne seraient pas partagés avec elles.

D'autres publications insistent sur ce même constat que la Propriété Industrielle (PI) a des impacts multiples et simultanés sur l'économie et plus généralement sur la croissance d'un pays ; cependant Kamil Idris précise lui-même (page 37) dans son ouvrage : « Visible and demonstrable evidence of economic payoff attributable to Industrial Property protection is currently not sufficiently developed ». Nous partageons ce point de vue et proposons de contribuer à cette réflexion, en ayant conscience, et nous développerons également ce thème, que l'interrelation entre de multiples facteurs rend l'analyse très complexe.

**Exemple n° 2**

La richesse française est-elle employée à des investissements ou à des dépenses de fonctionnement, et dans quelle proportion ? Selon M. de Montalembert, plus de la moitié du budget de l'État est aujourd'hui absorbée par la dépense publique ; on serait passé de 35 % en 1960 à 53,5 % en 2000, davantage que l'Italie, l'Allemagne, le Royaume-Uni, les États-Unis (30 % en 2000), le Japon. Plus de 5 millions de fonctionnaires ou agents du service public, y compris les chercheurs, reçoivent plus de 42 % du budget de l'État, qui s'endette chaque année davantage : les déficits des entreprises publiques voisinent chaque année les 10 milliards d'euros. Le rapport Guillaume établit un diagnostic sévère pour le CNRS, fleuron de la recherche française : avec 26000 agents dont 11000 chercheurs et un budget de 2,5 milliards d'euros, cet organisme serait « un modèle à bout de souffle » ; nous estimons au contraire que la plupart des agents de l'État, chercheurs compris, participent avec dévouement et compétence à l'activité du pays, et qu'il serait plus efficace de mieux les associer à son développement (et il y a de multiples manières d'y parvenir), plutôt que de critiquer leur action !

Il serait néanmoins utile de connaître, avec précision et pour chaque année, le nombre de demandes de brevet déposées par cet organisme, ainsi que les ratios « équipe de recherche/brevets » ou « budget par équipe de recherche/redevances de licences ».

À titre d'illustration, le ministère de la Recherche a mis en place depuis l'année 2000 un dispositif de production d'indicateurs de politique scientifique ; le Rapport publié en novembre 2003 dresse ainsi la liste des organismes de recherche publique, leurs effectifs et le nombre de dépôts de demandes de brevet en pleine propriété ou en copropriété. Par exemple, le CNRS (26550 agents) est crédité de 217 demandes de brevet, soit 1 demande pour 122 personnes, le CEA (11850 agents) est crédité de 222 demandes de brevet, soit 1 demande pour 53 personnes, et le total des organismes de recherche publique (61950 agents) est crédité de 624 demandes de brevet, soit **une demande de brevet pour 99 personnes**. Ces résultats sont à développer et à encourager.

La valorisation de la recherche publique, selon le Rapport cité ci-dessus, montre que le total du portefeuille des brevets en vigueur (8823 brevets) produit, au travers de 3044 contrats de licences ou d'accords d'exploitation (avant redistribution éventuelle aux cotitulaires) des **redevances s'élevant à 96 millions d'euros**, à rapporter au budget global de fonctionnement. Saluons à sa juste mesure ce retour sur investissement obtenu grâce aux redevances de licences ou aux accords d'exploitation.

Il est vrai que le critère du nombre de publications (authorship) qui est à la base des carrières des chercheurs a pour conséquence qu'ils sont davantage incités à publier qu'à protéger ; l'instauration d'un « délai de grâce » pour déposer une demande de brevet est une solution adéquate mais partielle à ce problème. De nombreuses universités européennes, tels les membres de The League of European Research Universities, introduisent de nouvelles méthodes de management, permettant à leurs chercheurs d'être désignés comme inventeurs dans des demandes de brevet. La Loi Bayh-Dole, adoptée aux États-Unis en 1980, a permis aux universités américaines de déposer des demandes de brevet financées par des subventions fédérales et a autorisé ces universités à conserver les redevances. Le nombre de brevets ainsi délivrés a augmenté de manière exponentielle : de 619 en 1986, on est passé à 3661 en 2000 ; 862 millions de dollars US de redevances ont été perçus par les universités en 1999, 344 entreprises nouvelles ont été créées, et la part de l'économie résultant des licences concédées était évaluée en 1997 à 27,8 milliards de dollars US. Le Japon et le Royaume-Uni ont suivi l'exemple américain, et ces pays ne sont pas les seuls, loin s'en faut. Par exemple, l'étude de l'OCDE « Turning Science into Business », décrit les pratiques de treize pays sur les modalités qui s'offrent aux organismes publics de recherche; la mise en œuvre de Bureaux de Transferts de Technologie ou BTT, est une expérience nouvelle qui semble porter ses fruits, de même que la création d'entreprises dérivées.

Il serait utile de disposer de statistiques annuelles claires et objectives sur la contribution des agents de l'État français et de ses chercheurs à la Propriété Industrielle en France, par exemple en connaissant exactement le nombre de dépôts de brevet par équipe de recherche, par laboratoire, par établissement public, et au plan national, puis de féliciter ces agents et ces chercheurs de la progression de leurs résultats, année par année !

La nomination, le 20 octobre 2004, de Bernard Meunier à la Présidence du CNRS est un signe encourageant, puisque ce chercheur en chimie reconnu est l'auteur de nombre d'inventions ayant fait l'objet de demandes de brevet et qu'il participe depuis 1999 à la création de la société Palumed, en application de la loi qui permet aux chercheurs publics de créer une entreprise; il est souhaitable que cette situation nouvelle contribue à encourager davantage encore le navire amiral de la recherche française.

**Exemple n° 3**

Quelques publications d'universitaires analysent les liens existant entre Recherche & Développement (R&D) et dépôts de brevet, mais présentent l'inconvénient de ne pas tenir compte des différents types de demandes de brevet, notamment en Europe. Il n'est pas réaliste en effet d'additionner des demandes de brevet national et des demandes de brevet européen ou international, ces dernières couvrant en général plusieurs pays, parfois plusieurs dizaines de pays. De plus, comme on le verra par la suite, les procédures centralisées de dépôt et d'examen de demandes de brevet aboutissent *in fine* à des brevets nationaux : la compilation de données disparates ne permet pas de réaliser des études homogènes.

Par ailleurs, en négligeant les effets des changements législatifs intervenus depuis vingt ans dans le monde de la Propriété Industrielle (PI), les publications récentes contiennent certaines imprécisions qui, par conséquent, conduisent à des interprétations peu réalistes. Ajoutons que, dans la plupart des cas observés, aucun professionnel de « terrain », Ingénieur ou Conseil en Propriété Industrielle, n'a participé à ces travaux qui ont donc un intérêt intellectuel certain mais sont assez éloignés de la pratique, sinon de la réalité; enfin, le décalage temporel entre R&D, dépôt d'une demande de brevet et Produit Intérieur Brut (PIB) n'est pas suffisamment pris en compte.

Notre recommandation serait donc d'associer systématiquement des spécialistes « brevet » de l'industrie et de la profession libérale à toute étude conduite dans le domaine de la Propriété Industrielle (PI), que ce soit par l'État, les centres d'études publics et universitaires ou les instituts de recherche privés, ce qui est d'ailleurs le cas notamment en Allemagne, aux États-Unis et au Japon.

**Exemple n° 4**
La synthèse de l'étude de l'OCDE, « Brevets et innovation : tendance et enjeux pour les pouvoirs publics » commence en ces termes : « Les brevets jouent un rôle de plus en plus important dans l'innovation et la performance économique ». Il y est indiqué par ailleurs que les domaines de l'information, de la communication et de la biotechnologie ont généré de nouvelles vagues d'innovations et que certaines mesures législatives ont encouragé les dépôts de brevets par des Organismes Publics de Recherche (OPR). Selon cette publication, les entreprises déposent de plus en plus de brevets depuis 1982 et de nouvelles catégories d'inventions peuvent être brevetées, mais avec des différences selon les pays : logiciels, génétique, méthodes commerciales, Technologies de l'Information et de la Communication (TIC) ne sont pas traités de la même manière par les législations nationales.

Une harmonisation des critères de brevetabilité est souhaitable, de manière à permettre aux organismes de recherche, aux bureaux d'études et aux entreprises de disposer d'une meilleure perspective lors de l'allocation des budgets consacrés à l'innovation.

**Exemple n° 5**
La Propriété Industrielle (PI) n'est pas considérée de la même manière dans tous les pays : enjeu national au Japon, où rien ne se crée sans être breveté, valeur essentielle aux États-Unis, en Allemagne et dans nombre d'autres pays d'Europe, y compris les nouveaux États de l'Union européenne élargie, quantité toujours négligeable en France. Alors que, pratiquement dans le monde entier, la Propriété Industrielle (PI) est synonyme de progrès sinon de richesse, un exemple récent permet de mieux comprendre le gouffre existant entre les partisans d'une recherche strictement publique et ceux qui aspirent à établir des liens entre la recherche publique et l'entreprise privée ou à capitaux mixtes : le pamphlet « De la recherche française... du peu qu'il en reste et du pire qui l'attend encore » est à cet égard révélateur.

Citons quelques morceaux choisis de cet ouvrage anonyme, et pourtant diffusé en « copyleft », c'est-à-dire avec autorisation de le reproduire en citant le nom de l'auteur, ce qui est rendu impossible : le nom apparaissant sur la couverture – Hélène Cherrucresco – est l'anagramme de « chercheurs en colère » ; selon Stéphane Foucart (*Le Monde*, 11 mars 2004) « Hélène Cherrucresco a toujours gardé jalousement l'anonymat de ses membres, sans hésiter à se livrer à des attaques *ad nominem* ». Pour les auteurs de cette publication, la recherche publique devrait se caractériser de la façon suivante :

– sa mission première, produire des connaissances, ne « saurait évidemment être gouvernée par quelque intérêt privé... » ;

– sa seconde mission serait de diffuser le savoir au moyen de colloques et de publications, en oubliant les lois en vigueur, à savoir qu'une publication détruit la nouveauté d'une innovation, qui ne peut plus être brevetée ;

– la valorisation de la recherche, classée en « marchande » et « non marchande », conduit à une définition ahurissante du brevet (glossaire page 65 : « souvent accolé à licence. Il s'agit d'instaurer des péages pour accéder aux nouvelles connaissances... Voir rente»); l'auteur ne se maîtrise même plus en donnant une nouvelle définition du terme «rente» : «mot tabou, exprimant le fait de toucher de l'argent sans travailler, par exemple à l'aide de brevets...». La diatribe se poursuit en qualifiant de «déclaration de guerre contre les chercheurs» l'essaimage possible des chercheurs vers les entreprises et les dispositions sur le couplage entre recherche publique et entreprises; il s'agirait ni plus ni moins que de prévarication ! Le brevet n'aurait donc d'intérêt «que dans le cadre de la recherche privée».

Ces abjurations se doublent d'inexactitudes : le nombre de dépôts de brevets du privé serait en train de diminuer, alors que les statistiques françaises, européennes et mondiales montrent le contraire. Les dépenses de recherche militaire, spatiale, aéronautique, biotechnologique en prennent aussi pour leur grade, de même que le Conseil Stratégique de l'Innovation (CSI), son Président («ce monsieur» est écrit sans Majuscule), ainsi que les 15 membres de son Comité constitutif qui seraient individuellement liés au secteur des biotechnologies. On se doute que ni les États-Unis, ni le Royaume-Uni ne trouvent grâce aux yeux de l'auteur anonyme de cet essai, qui reste trop caricatural pour être transformé. Aucune autocritique sur le fonctionnement de la recherche publique française, aucune proposition sur les améliorations que cette recherche pourrait envisager ou mettre en œuvre, sauf à reproduire la situation actuelle : on continue *mordicus* avec «une recherche publique au service du public»; l'auteur n'a pas froid aux yeux en proposant même d'étendre à l'Europe ses projets, en «démocratisant» la politique scientifique.

Cet essai, à connotation trop partisane pour être porteur de solutions, a le mérite d'exister et de nous montrer l'état d'esprit de quelques individus, qui ne conçoivent que le *statu quo*, n'imaginent aucune remise en question ni évaluation, et professent une aversion marquée pour tout ce qui est de «nature marchande».

Nous pensons qu'il ne faut pas s'offusquer d'une telle attitude, mais qu'il est utile de connaître ces idées et de combattre ces théories fondées exclusivement sur le conservatisme, le corporatisme et le culte du «c'était mieux avant». Il faut aussi admettre que les adeptes de ces théories doivent être de bonne foi, au moins pour ceux d'entre eux qui ne sont pas outrageusement politisés; reste donc à imaginer un programme (envisageons le long terme) de formation des chercheurs, qui sont protégés par la collectivité nationale du fait de leur statut et qui peuvent donc contribuer, comme les autres agents de l'État, au développement général.

**Exemple n° 6**

L'annonce en septembre 2004 de la création de la nouvelle Fondation d'entreprise EADS pour la recherche en France, dotée d'un budget de 24 millions d'euros sur 5 ans, est une nouvelle enthousiasmante. Philippe Camus, Président exécutif de la société EADS, annonce que «la recherche est le salut de nos entreprises». La protection de la recherche n'est pas mentionnée dans les communiqués de presse dont nous avons eu connaissance, mais il n'est pas douteux cependant que ce soit une préoccupation majeure pour EADS.

**Exemple n° 7**

Dans un rapport adopté le 28 juin 2004 et intitulé « Le système français de recherche et d'innovation », l'Académie des Technologies établit un diagnostic précis de la situation du système français de recherche, de ses forces et de ses faiblesses. Le document rendu public nous a été très cordialement adressé par son Président, Jean-Claude Lehmann, par ailleurs Directeur de la recherche de Saint-Gobain, que nous remercions. Nous considérons ce Rapport comme étant d'une excellente facture et souscrivons au diagnostic ainsi qu'aux mesures préconisées, notamment le besoin :

– d'une recherche fondamentale de premier plan dans les domaines culturel et scientifique ;
– d'une recherche fondamentale évaluée en tenant compte des enjeux de la société ;
– d'une recherche technologique efficace pour une économie compétitive.

Bien que cette contribution soit très favorable à l'innovation technologique, l'expression « propriété intellectuelle ou industrielle » n'est citée qu'une fois, le terme « brevet » jamais.

**Exemple n° 8**

Certaines entreprises ont fait de l'innovation le thème de leurs campagnes de publicité ou de marketing institutionnel. On observe en effet dans la presse de plus en plus de publicités qui y font explicitement référence, ainsi que le montre la liste suivante, extraite de journaux parus en 2004 :

– G. E. : « Imagination at work » ou « l'imagination en action » ;
– RENAULT : « Créateurs d'automobiles » ;
– BASF : « [...] nous contribuons avec nos innovations à la réussite de nos clients [...] » ;
– ORIS : « Une innovation sur les circuits : la montre Oris BMW Williams F1 Team » ;
– IBM : « L'innovation, notre source d'inspiration depuis 90 ans » ;
– BOSE : « Better sound through research » ;
– HEWLETT-PACKARD : « Invent » ;
– SIEMENS : « [...] riche des dernières innovations Siemens [...] » ;
– FRANCE TELECOM : « Notre raison d'innover, c'est vous. » ;
– VARILUX : « Varilux progresse, vous aussi. » ;
– BOSCH : « Il y a toujours une solution. » ;
– FNAC : « Soif de culture et d'innovation ? » ;
– ROCHE : « We innovate for life. » ;
– JANSSEN-CILAG : « Innovatief farmaceutisch bedrijf » ;
– ALTRAN : « Leader européen du conseil en innovation » ;
– MONSANTO : « Imagine », etc.

Ces entreprises, en affirmant haut et fort leur foi dans l'innovation, espèrent au moins que leur communication tournée vers l'innovation, ou y faisant référence, sera favorable à leur propre développement économique ou à leur image.

**Exemple n° 9**
Le nouveau Président de l'Office Européen des Brevets (OEB), nommé le 1er juillet 2004, a déclaré (lettre d'information AWA information publiée en septembre 2004) : « The number of patents means nothing », ajoutant « The only important patents are those resulting in licensing rights – the ones that represent financial value based on knowledge ». À la lecture de ces propos, on peut se demander si l'Office Européen des Brevets a à sa tête un Président qui accorde une attention suffisante aux PME, dont l'immense majorité utilise le brevet dans le seul but d'acquérir un droit d'exploitation ; seules les grandes entreprises ayant la capacité de mettre en œuvre une politique de « licensing » seraient-elles importantes ? On constate ainsi que les PME ne se font pas assez connaître auprès des instances européennes, notamment de la Propriété Industrielle (PI).

Comme on l'a constaté, il règne la plus grande variété d'opinions et d'affirmations en ce qui concerne l'impact de la recherche et de l'innovation sur la croissance. Les chercheurs français, surtout dans le public, ne sont pas tous convaincus de l'intérêt du brevet, ni dans son rôle de diffusion de l'innovation, ni dans son rôle économique. La presse économique française regorge de pages « high tech », mais ne mentionne qu'exceptionnellement le brevet et les avantages qu'il peut procurer. Les entreprises sont invitées à investir, pour trouver de nouveaux produits, procédés et services, pour répondre aux attaques de la concurrence, en un mot pour survivre, mais ne sont pas ou peu encouragées par une politique nationale de R&D orientée vers l'efficacité.

Les autres pays, les universités étrangères, même l'Union européenne, ne restent pas inactifs et mettent en œuvre des mesures volontaristes en faveur de l'innovation.

En France au contraire, tous les acteurs du service public de recherche ne sont pas convaincus du rôle moteur de l'innovation, ni pour l'État, ni pour leurs carrières, et les entreprises, surtout les Petites et Moyennes Entreprises (PME) ne bénéficient pas d'un soutien très actif de l'État ; elles n'ont d'ailleurs pas toutes, elles non plus, perçu le rôle essentiel de la Propriété Industrielle (PI) pour leur avenir et le développement de leurs affaires, donc de l'emploi.

Et si l'on évoque souvent dans les revues les activités de recherche et les liens présumés de cette recherche avec le développement économique, on ne trouve que très peu de publications qui tentent d'**associer directement les brevets d'invention au phénomène de croissance**.

Enfin, **les données disponibles ne sont pas homogènes** et peuvent refléter des vérités différentes d'un pays à l'autre.

Pour toutes ces multiples raisons, nous proposons d'étudier la question du lien qui relierait l'innovation et l'économie en exploitant en premier lieu les informations dont nous pouvons disposer sur la France.

Chapitre 4

# De la conception de l'invention au choix de sa protection

*L'invention est la démarche essentielle de l'esprit humain, celle qui distingue l'homme de l'animal et lui a permis peu à peu d'imprimer son règne matériel sur le monde.*
HENRI BERGSON

Certaines inventions sont fortuites, d'autres sont au contraire l'aboutissement d'une démarche savamment planifiée. Il nous est apparu nécessaire de décrire pas à pas le processus qui conduit de l'invention au brevet d'invention, pour montrer que, souvent, il n'est pas facile de créer un produit ou de mettre au point un procédé nouveau, que cela demande de l'imagination, de la volonté, et nécessite un investissement intellectuel, humain et financier.

Pour certains d'entre nous, le terme « inventeur » fait penser au professeur Tournesol, qui imagine en un éclair un produit nouveau qui va sauver l'humanité d'un destin fatal ! Pour d'autres, il évoque le travail acharné de Louis Pasteur, et pour d'autres encore le cocktail de passion et de chance de Steve Jobs. Un inventeur « fabrique » des inventions, lesquelles sont parfois porteuses à court terme de succès et de gloire, et parfois de tout le contraire. Pour la plupart d'entre nous, le terme « invention » reste évocateur de progrès. Il n'est pas en effet illégitime d'espérer que les avancées de la médecine, des communications, de l'agriculture et de l'électronique nous conduisent à vivre dans un monde meilleur, à l'abri des guerres, des maladies et du chômage. Cependant, même si l'avenir semble plus souriant que ne l'a été le passé, le progrès chemine lentement et son parcours est semé d'embûches.

Mais il est incontestable, malgré les horreurs du passé, malgré les génocides et les attentats, et en raison notamment d'une accélération des techniques de communication, que les conditions de vie se sont améliorées au cours des siècles. L'humanité, depuis bien avant l'invention de la roue, du levier ou de l'imprimerie, avance à « petits pas inventifs ». Chacun de ces progrès a pour origine une invention ou une découverte.

Une invention, dans son acception moderne, représente non pas une découverte scientifique, qui décrit un phénomène naturel (la gravité, la relativité), mais une innovation à caractère technique, seule susceptible d'être jugée « **brevetable** ». Mais avant d'aborder le sujet de la brevetabilité, examinons comment naît une invention, dans l'esprit de son auteur.

## 1 L'invention représente le pas entre le néant de l'instant présent et l'eurêka de l'instant suivant

Une invention est le résultat de la « fécondation » d'un problème non résolu et de sa solution. On a ainsi l'équation :

**Invention = problème + solution**

De nos jours, la « distance » entre le problème posé et sa solution s'exprime en temps passé, en réflexion, en partage d'expériences, en équipes de recherche, en prototypes, en succès et en échecs, en effort intellectuel, en génie inventif, car les progrès passés, dans tous les domaines, rendent de plus en plus difficile l'invention de produits ou de procédés nouveaux. L'inventeur isolé, s'il existe et existera toujours, est obligé de nos jours de rompre son isolement et de s'adjoindre des assistants, ce qui implique de disposer de ressources financières conséquentes.

Ce sont les investissements en Recherche & Développement (R&D) qui permettent les travaux réalisés par des équipes ayant pour mission de résoudre un problème, comme par exemple la découverte d'un vaccin, la mise au point d'une voiture plus sûre, l'amélioration d'un ordinateur, la sélection d'une variété agricole résistant aux parasites, etc. On conçoit ainsi aisément qu'il y ait une relation de cause à effet entre les montants investis en Recherche & Développement (R&D) et les inventions qui en résultent, au-delà de l'intelligence et l'ingéniosité des ingénieurs, des chercheurs, des techniciens.

À ces efforts intellectuels, s'ajoute aujourd'hui l'aspect « marketing » de toute recherche. Être capable de convaincre des actionnaires ou de réunir un budget, savoir animer des équipes, sont quelques-unes des qualités que doit posséder un innovateur. Certains responsables de laboratoires affirment consacrer plus de la moitié de leur temps à ces tâches administratives ou parallèles, au détriment du temps consacré à la recherche. Une fois que les ressources humaines et financières sont réunies et disponibles, les innovateurs peuvent se consacrer à leur mission. Celle-ci conduit, lorsque le problème posé est résolu, à une invention, qui se manifeste par ce que l'on pourrait qualifier d' « **éclair inventif** », lui-même souvent précédé de petites étincelles.

## 2 Après l'invention, l'évidence !

La notion d'**évidence** est celle qui vient à l'esprit immédiatement après qu'a été conçue une invention, ou après qu'elle est dévoilée. En effet, la solution du problème qui se pose à ces innovateurs est rarement simple à trouver. Elle ne coule pas de source, car elle implique un effort de concentration pour remettre en question ce qui existe, imaginer diverses hypothèses, écarter celles qui sont irréalistes. Elle est le fruit d'un cocktail de « sueur et de larmes », de patience, de travail et d'analyse. Il nous semble qu'il convient de reconnaître le travail des chercheurs, inventeurs, créateurs, auteurs, artistes, responsables d'un bureau d'études, à la tête d'un centre de recherche ultra moderne, impliqués dans la recherche fondamentale ou dans la recherche appliquée, ou encore bricolant dans un garage, composant une partition, rédigeant un roman ou imaginant une recette nouvelle. La mise au point d'une invention peut parfois ressembler à l'aboutissement d'une enquête policière. « Mon Dieu, mais c'est bien sûr ! »

Cependant, lorsque l'invention est là, clairement exposée, les tiers ont tendance à penser que c'était « **évident** ». Le problème était insoluble avant d'avoir trouvé, mais sa solution serait évidente immédiatement après ! Entre le moment qui précède l'invention et celui qui la voit naître, est intervenu le génie inventif, l'astuce, l'ingéniosité du chercheur.

On imagine bien que, dans la réalité, les choses ne se passent pas exactement comme dans la description « idyllique » ci-dessus, ainsi présentée afin de mettre en lumière l'avènement du phénomène inventif. En effet, ce sont souvent des équipes entières de chercheurs, d'ingénieurs et de techniciens, parfois suite à des échanges avec des partenaires ou des clients, qui participent à la recherche de la solution, et qui durant des semaines, voire des mois ou des années, « planchent » sur le problème à résoudre. Ce sont aussi très souvent des investissements importants qui sont en jeu, surtout à l'échelle d'une PME, qui ne dispose pas de l'assurance d'un soutien sans faille de la puissance publique.

Pourquoi travailler sur tel sujet et pas sur tel autre ? Des arbitrages sont rendus, des priorités sont fixées, des projets sont laissés au bord de la route, des recherches n'aboutissent pas. Il arrive aussi que l'invention soit trop difficile à mettre en œuvre techniquement et/ou financièrement.

On conçoit bien qu'en fait la décision à prendre à ce moment-là relève exceptionnellement du choix d'un seul individu, et que les choses sont plus compliquées qu'il n'y paraît.

## 3 Un exemple

Pour illustrer la naissance d'une invention, nous avons choisi de présenter un exemple qui vient du domaine de la sécurité routière. Il s'agit du « fil à couper le courant ». Son inventeur, M. Pierre Deschamps qui dirige la société Deschamps Père et Fils, spécialisée dans la signalisation, nous y a autorisés. La SNCF était confrontée à un problème survenant lors de la rupture des barrières de passages à niveau ; ces derniers comportent des dispositifs d'alerte comprenant un conducteur métallique incorporé à la barrière et qui transmet un courant électrique jusqu'à un boîtier de surveillance lui-même relié au poste de contrôle de la SNCF. Lors de la rupture accidentelle d'une barrière, par exemple du fait d'une voiture, le conducteur métallique doit se rompre, ce qui entraîne une coupure de courant qui est détectée par le boîtier de surveillance ; l'alerte est alors donnée et la barrière remplacée au plus vite. En raison de la bonne qualité des composants, il arrivait que la barrière soit endommagée mais pas le conducteur métallique : l'alerte n'était pas transmise au poste de contrôle, ce qui pouvait avoir des conséquences gravissimes. Une telle situation se produisait aussi en cas de rupture partielle ou de simple torsion de la barrière.

Comment résoudre ce problème ? Comment faire en sorte que le courant passe si la barrière est en bon état mais qu'il ne passe plus lorsqu'elle est endommagée ? Faut-il doubler le réseau électrique ? Faut-il le remplacer par une caméra de surveillance ? Voici quelques questions qui se posent à l'inventeur, consulté par la SNCF.

Des essais ont été effectués, puis des tests, et M. Pierre Deschamps est parvenu progressivement à une solution : l'innovation a consisté à remplacer le conducteur électrique habituel par une boucle conductrice comportant des brins tressés de faible longueur unitaire. Ainsi, en cas de rupture ou de torsion de la barrière, les brins tressés se désolidarisent et le courant électrique ne passe plus, ce qui était bien le but recherché. Il n'était pas *a priori* évident de remplacer un conducteur électrique classique, de bonne qualité, solide, par une tresse constituée de petits brins prompts à se désolidariser à la moindre torsion.

**Le fait que l'innovation n'est pas évidente caractérise une invention.** Dans l'exemple choisi, cette dernière, par sa simplicité même, peut rendre d'insignes services dans le domaine de la sécurité ferroviaire. De plus, appliquée aux barrières de parkings, elle permet en outre d'en détecter les cassures et de limiter les sorties gratuites.

Cet exemple, choisi délibérément au croisement de la mécanique et de l'électricité pour en faciliter la compréhension, montre que certaines inventions, sans pour autant bouleverser la marche du monde, trouvent des applications immédiates. D'autres inventions qui voient le jour à chaque instant requièrent la collaboration de vastes équipes pluridisciplinaires. Certaines conduisent à des **ruptures technologiques** majeures (le transistor, les vaccins, ...), certaines sont des **applications** surprenantes d'un principe technique (le four à micro-ondes, le lecteur laser de compact disques, le pistolet à vacciner, la découpe de la pierre sous la pression de l'eau, la purification de l'air, le moteur, ...), d'autres encore sont des **améliorations successives** de produits ou de procédés connus (le frein, la cafetière, le stylo, l'ampoule électrique, la télécopie, l'avion, ...). Toutes ces innovations, quelle que soit leur ampleur, résultent de l'existence d'un problème qui trouve une solution. Il arrive aussi qu'un problème posé conduise à plusieurs solutions, chacune ayant ses caractéristiques propres (divers types de moteurs, de multiples outils d'écriture, des procédés de chauffage variés, ...).

## 4 Comment aider notre « bébé invention » à se développer ?

Que se passe-t-il dans l'esprit de l'inventeur après cet instant précis où l'invention est née ? Le problème qui se posait est résolu. Comment faire alors pour concrétiser ce qui n'est encore qu'une invention sur le papier ou une ébauche, ou encore un prototype, et transformer l'innovation en quelque chose de palpable et de reconnu ?

Quel peut être le traitement réservé à cette invention ? En théorie, plusieurs options s'offrent à l'inventeur. Il peut considérer qu'il est plus utile et moins coûteux de conserver le **secret** sur l'invention ou au contraire qu'il est souhaitable de la **divulguer** pour la mettre à la disposition de tous, ou enfin qu'il est préférable de la **protéger**, ce qui revient à déposer une demande de brevet. Quelles sont les caractéristiques, les avantages et les inconvénients de chacune de ces options ? Quelle décision prendre en fin de compte ?

## 5 Les adeptes du secret

Est-il concevable de vouloir conserver secrète une invention ? L'imaginaire collectif fourmille d'anecdotes sur telle entreprise qui aurait mis au point une énergie « gratuite » et qui ne voudrait pas en faire usage de peur de voir s'effondrer l'économie mondiale. La photographie numérique aurait été dissimulée afin d'éviter la dégringolade du marché des images argentiques ! Tel médicament resterait enfoui dans les cartons afin de poursuivre la vente d'un autre ! Ces balivernes ne résistent pas à l'analyse.

Voici quelques arguments à l'appui de cette affirmation. Les innovateurs sont des hommes et des femmes, donc dotés avant tout d'une conscience individuelle et collective. Imaginer qu'ils cacheraient aux yeux du monde une invention utile est leur faire un mauvais procès. Il est de plus illusoire de croire que l'on peut encore valablement et durablement conserver un secret. Avec les mutations d'entreprises que nous connaissons de nos jours, avec les rotations de personnels, seuls quelques esprits particulièrement crédules et naïfs peuvent encore imaginer cacher une innovation.

Les moyens de communication modernes rendent inefficace toute velléité de secret. Les réseaux d'entreprises, de laboratoires, et la généralisation d'Internet ont modifié les données du travail, de sorte qu'une innovation ne peut plus rester cachée : à bref délai, elle sera divulguée.

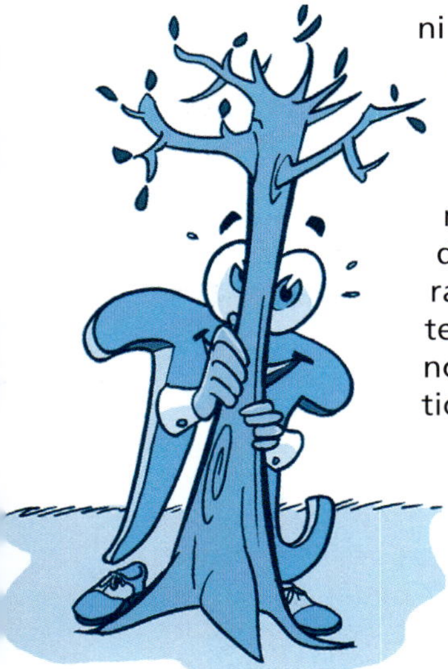

En outre, le secret n'apporte aucune reconnaissance à l'inventeur, ni aucun avantage concurrentiel à l'entreprise. Il permet uniquement de poursuivre l'exploitation de l'invention, mais empêche toute utilisation de celle-ci pour bloquer la concurrence, et n'offre aucune possibilité d'en tirer profit au plan économique, par des licences en France ou à l'étranger. Seuls quelques « tours de main », quelques procédés de fabrication sont encore susceptibles d'être conservés secrets, mais avec quelle efficacité ? Pour toutes ces raisons, investir dans la recherche, mobiliser des équipes, puis prétendre ensuite masquer le fruit des travaux effectués n'est plus de nos jours un objectif pratiquement envisageable. Enfin, une invention non protégée, et qui viendrait à être rendue publique, ne serait alors même plus susceptible d'être protégée ultérieurement par son inventeur.

**Il n'y a pas de droit de repentir au royaume du secret !**

## 6 Les partisans de la divulgation

On rencontre au contraire des partisans d'une autre tendance qui consiste à divulguer une invention « pour en faire bénéficier l'humanité ». Ces personnes altruistes, dont les plus fervents militants se retrouvent parmi les chercheurs du public, rejettent avec force toute idée de commerce, de profit ou de valorisation de la recherche, faisant peu de cas d'un éventuel retour sur l'investissement que l'État a consenti en finançant leurs travaux. Ils placent la recherche dite « fondamentale » au-dessus de tout et ne veulent pas entendre parler de recherche « appliquée », ni même des applications que pourrait procurer la recherche fondamentale.

La pratique généralisée de l' « authorship » dans le milieu scientifique, par laquelle les chercheurs sont reconnus au nombre de leurs publications (ce qui est souvent contestable eu égard d'une part au travail de leurs collaborateurs, d'autre part à la qualité intrinsèque de ladite publication), revient à offrir à la communauté universelle les résultats de la recherche.

Certes, la divulgation d'une innovation permet à son inventeur de l'exploiter. Mais elle met un terme définitif à toute possibilité de protection par la voie du brevet, car une invention doit être nouvelle (donc non publique) pour être brevetable. La divulgation d'une invention est un cadeau fait au niveau mondial à la concurrence, qui n'a pas eu à investir en recherche, et qui bénéficie par conséquent d'un avantage immédiat et gratuit. **La divulgation d'une invention s'apparente à de la prodigalité et relève de la philanthropie !**

Dilapider ainsi les ressources d'une entreprise apparaît comme une erreur de gestion. Cependant en autorisant cette forme de générosité, les propriétaires d'une entreprise privée ne dilapideraient que leur bien, tandis que les dirigeants des entreprises publiques disposeraient d'un bien public. Ainsi donc la générosité et la grandeur d'âme, corollaires de la divulgation d'une invention, pourraient, dans le cas où la loi prévoit une protection par brevet, présenter certains inconvénients. Nous avons conscience en prenant cette position qu'elle va à l'encontre de bien des idées reçues, mais la jurisprudence condamne à juste titre plus sévèrement la dilapidation des biens publics que celle des biens privés.

Enfin, **la divulgation d'une invention susceptible d'être brevetée peut aisément être précédée d'une démarche de protection** : il suffit d'attendre qu'une demande de brevet soit déposée et qu'elle ne fasse pas l'objet d'une interdiction du ministère de la Défense, pour pouvoir librement la divulguer et l'exploiter.

## 7 Le choix de la protection par le brevet

L'inventeur, ayant écarté les deux voies extrêmes du secret et de la divulgation, pourra opter pour **la solution médiane de la protection par le brevet, régie par le droit de la Propriété Industrielle (PI)**, qui réunit les avantages des solutions écartées sans en présenter les inconvénients. La Propriété Industrielle (PI) prévoit en effet des mécanismes complexes mais astucieux qui procurent à l'inventeur de nombreux bénéfices, en termes d'exploitation, de possibilité de retour sur investissement, de reconnaissance personnelle, tout en donnant à brève échéance un **atout supplémentaire à la collectivité**. Ces mécanismes seront brièvement décrits dans les chapitres suivants.

Les bénéfices escomptés, en terme de **notoriété**, d'une invention brevetée sont à l'évidence supérieurs à la solution du secret, qui laisse l'inventeur dans l'ombre. Les demandes de brevet ne sont pas publiées pendant une période de dix-huit mois après la date de dépôt, ce qui assure **dix-huit mois de secret** au mieux, donc une longueur d'avance sur la concurrence. Puis, la publication des demandes de brevet assure aux inventeurs une juste reconnaissance de la collectivité internationale, pas seulement nationale, ainsi qu'une rémunération supplémentaire fixée par la loi et les conventions collectives.

La description de l'invention figurant dans la demande de brevet doit être suffisante, mais une divulgation intégrale peut souvent être évitée, rien n'obligeant par exemple à exposer les tours de main d'exécution, les astuces de fabrication, les détails de mise en œuvre que la concurrence aura bien du mal à retrouver.

Le retour sur investissement des dépenses de Recherche & Développement (R&D) implique une exploitation des inventions, en France et à l'étranger :

**Innovation sans protection n'est que ruine de la recherche !**

Une telle exploitation n'est réalisable qu'au moyen du brevet d'invention, qui seul permet de bénéficier d'un **monopole, encore que celui-ci soit très relatif,** comme exposé plus loin. D'autres caractéristiques du brevet d'invention apparaîtront au cours des chapitres suivants.

L'option ici retenue est que l'inventeur, qui n'est ni stupide, ni égoïste, ni prodigue, mais au contraire réaliste et doué d'intelligence, écarte les hypothèses du secret ou de la divulgation pour s'orienter sur la voie de la Propriété Industrielle (PI), donc de la demande de brevet.

Chapitre 5

# Le brevet d'invention : définition et caractéristiques du «minipole»

*L'invention scientifique réside dans la création d'une hypothèse heureuse et féconde ; elle est donnée par le génie même du savant qui l'a créée.*
Claude Bernard

Lorsque l'on s'interroge sur l'impact éventuel des brevets d'invention, de l'innovation ou de la Propriété Industrielle (PI) sur la croissance économique, il convient tout d'abord d'en préciser les définitions puis les caractéristiques. Nous ne proposerons cependant pas une exégèse juridique ou un développement exhaustif. L'exposé qui suit est un résumé assorti d'un commentaire et suivi d'une opinion. Notre objectif est de rester pragmatiques : avant de parler « brevet d'invention », il faut expliquer ce qu'est un brevet d'invention, comment il se construit, comment il naît, vit et meurt, et ce qu'il advient après sa disparition.

## 1 Première définition du terme « invention »

Le nom féminin « invention », issu du latin *inventio*, signifie « action de découvrir, de créer quelque chose de nouveau ». L'homme a toujours été un être inventif : lorsqu'il a cherché à comprendre le monde qui l'entourait, il a fait preuve d'intelligence en découvrant le fonctionnement des lois physiques et n'a eu de cesse d'améliorer ses conditions de vie en imaginant des techniques nouvelles et en créant des produits nouveaux.

Ce qui s'est produit dans le passé continue aujourd'hui et se poursuivra dans l'avenir. Ce sont les inventions qui caractérisent l'évolution de notre espèce. **L'invention est l'expression du génie humain luttant contre l'adversité**. Elle matérialise notre capacité à évoluer, notre soif de mieux-être et notre besoin de perpétuer l'espèce. Elle est une impérieuse nécessité.

Mais qu'est-ce qu'une invention, si l'on se place **au plan de la technologie** ? Il s'agit, à partir d'une situation existante, de trouver, par la recherche ou grâce à un éclair inventif, une idée nouvelle qui engendrera un produit ou un procédé nouveau qui n'existait pas auparavant. C'est une sorte de naissance, de conception, qui éclôt sur le terrain de ce qui est connu pour donner lieu à un nouvel objet. Une invention naît dans l'esprit du chercheur là où il n'y avait qu'interrogation, problème, inconvénient, difficulté.

## 2 Un peu d'histoire

La plupart des pays du monde, après des siècles de tâtonnements, ont accordé aux inventeurs des **brevets d'invention**, qui reconnaissent officiellement leur qualité d'inventeur, leur donnent – momentanément – un monopole et offrent en contrepartie à la communauté internationale une amélioration des connaissances. En 1474, la ville de Venise fut la première à reconnaître un « statut » aux inventeurs. Nos voisins britanniques promulguaient en 1624 la première loi sur les « monopoles ». Après les États-Unis en 1790, la France a adopté en 1791 sa première loi sur les brevets d'invention ; le site Internet www.robic.ca expose de manière claire et très documentée « l'histoire des brevets » rédigée par notre Confrère canadien Serge Lapointe.

Depuis, tous les pays ont suivi les pionniers, et adopté des lois relatives aux inventeurs, mais d'importantes disparités existent encore entre les législations nationales. La Convention d'Union de Paris (CUP) du 20 mars 1883, moult fois révisée, a établi entre environ 170 pays signataires, dits « Unionistes », des règles fondamentales de reconnaissance mutuelle des droits de Propriété Intellectuelle, règles qui sont encore en vigueur, et notamment le Droit de Priorité (DP) qui fera l'objet d'un développement ultérieur. Parmi ces règles et ces lois figurent celles qui définissent le brevet d'invention.

## 3 Autres définitions du terme « invention »

En poursuivant nos investigations préliminaires, nous nous sommes aperçus que le terme « invention » a d'autres acceptions voisines : chose imaginée, don d'imagination, trouvaille due au hasard ou à la recherche (pour un trésor), faculté par laquelle on conçoit quelque chose de nouveau (*Grand Larousse Universel*, Vol. 8) ; mais il en est une dernière qui a un sens beaucoup moins laudatif : « mensonge imaginé pour tromper ».

Ainsi, Jean de La Fontaine a-t-il écrit :

*« La ruse la mieux ourdie*
*Peut nuire à son inventeur ;*
*Et souvent la perfidie*
*Retourne à son auteur. »*

Peut-être faut-il voir dans cette définition plus critique l'origine d'une réticence que l'on observe parfois à l'égard des inventions techniques, qui seraient alors perçues comme des artifices plutôt que comme des améliorations ? Associée à la défiance que suscite en France une certaine forme de réussite, qui pourrait être la conséquence d'une invention heureusement mise en œuvre, nous nous sommes ainsi interrogés sur le fait de savoir si le terme « invention » est parfaitement approprié pour caractériser un brevet d'invention ; il existe, il est vrai, des inventions techniques d'importance et de portée très variables, mais l'existence même d'un titre de Propriété Industrielle (PI) associé à une invention pourrait être entachée d'une connotation quelque peu suspecte aux yeux de certaines personnes.

## 4 Remplacer « invention » par « innovation » ?

Dans le langage courant comme dans les documents écrits, on emploie très souvent le terme « innovation » pour décrire à la fois l'activité culturelle ou économique, ou même pour caractériser un produit ou un procédé nouveau. « **Innovation** » provient du verbe latin *innovare* qui a pour racine l'adjectif *novus* (neuf) et signifie « action d'introduire du nouveau », ainsi que « résultat de cette action ». Nous constatons qu'aucune connotation négative ou péjorative ne ressort de cette définition.

Il pourrait donc paraître approprié de remplacer « brevet d'invention » par « **brevet d'innovation** ». Une telle réforme, peut-être sémantiquement souhaitable, serait difficile à adopter et surtout à mettre en œuvre, en raison des habitudes prises depuis des décennies, d'autant plus que dans certains pays anglo-saxons, les « *innovation patents* » sont des brevets de moindre qualité inventive que les « *patents of invention* ». Il nous paraît donc judicieux de ne pas poursuivre cette suggestion, malgré son intérêt intellectuel, car elle serait trop difficile à mettre en œuvre au plan national mais surtout international.

## 5 Définition du terme « brevet »

Nous poursuivons ce survol de la définition littérale du brevet d'invention en mentionnant que le terme « brevet », qui signifie notamment diplôme, garantie, titre, etc., n'a pas non plus dans tous les cas une connotation particulièrement positive : le brevet élémentaire, le brevet professionnel, le brevet d'études du premier cycle du second degré, le brevet supérieur, l'ancien « Brevet sans garantie du Gouvernement (SGDG) » resté dans les mémoires. Il pourrait également paraître opportun de le remplacer par un autre mot plus évocateur de succès.

L'Académie française pourrait-elle se pencher sur cette épineuse question et proposer en lieu et place du « brevet d'invention » quelques expressions ayant une connotation élogieuse ? Notre suggestion serait en conclusion d'adopter l'une des dénominations du type **label d'innovation** ou **titre d'innovation**. Mais là encore, il serait probablement difficile d'arriver à un consensus sur le choix retenu, et il est probablement plus efficace de travailler sur les questions de fond relatives à la Propriété Industrielle (PI).

## 6 Code de la Propriété Intellectuelle : définition du « brevet d'invention »

En France, **la loi ne définit pas le brevet en tant que tel**, mais elle définit le « brevet d'invention » comme étant un titre de Propriété Industrielle (PI). D'autres titres de Propriété Industrielle existent à côté du brevet d'invention. Comment pouvons-nous distinguer ces différents titres ? Si nous observons autour de nous, par exemple à la maison, dans notre voiture, en avion, nous baignons littéralement dans un monde d'innovations. Le téléphone, la télévision, l'ordinateur, le four à micro-ondes, les volets roulants, les produits conservés au réfrigérateur, les médicaments, les engrais, les plantes, etc., sont truffés d'**innovations techniques**, protégées par des **brevets d'invention**, mais aussi par d'autres titres de Propriété Industrielle (PI), à savoir :

- les certificats d'utilité ;
- les certificats complémentaires de protection, qui concernent les médicaments et les produits phytosanitaires ;
- les certificats d'obtentions végétales.

Certains produits ou appareils ont un **aspect esthétique** propre, lequel est protégé au moyen de **dessins et modèles** : la forme d'une bouteille, celle de l'ordinateur, du flacon de shampooing, etc.

De plus, la plupart des produits sont désignés au moyen d'un nom (Inventique, Logopole, etc.) qui constitue un signe distinctif que l'on appelle une **marque**. Les marques coexistent avec les dénominations sociales et commerciales et avec les enseignes.

En simplifiant à l'extrême, nous pouvons considérer que les **brevets d'invention**, les **modèles** et les **marques** constituent le triptyque de la **Propriété Industrielle (PI)**, qui régit l'aspect technique de notre monde.

Le domaine littéraire, artistique et musical, le droit des créateurs (par exemple les droits résultant de la création de la mascotte PIfox illustrant cette publication), des auteurs, les règles de représentation et de diffusion des œuvres sont régis par la **Propriété Littéraire et Artistique (PLA)**.

En France, le **Code de la Propriété Intellectuelle** (loi du 1er juillet 1992 et suivantes) regroupe la Propriété Littéraire et Artistique (PLA) et la Propriété Industrielle (PI).

Plus précisément, la Propriété Industrielle (PI) englobe l'organisation administrative et professionnelle, et notamment l'Institut National de la Propriété Industrielle (INPI) et la profession de Conseil en Propriété Industrielle (CPI), ainsi que les dispositions relatives aux titres suivants : dessins et modèles, brevets d'invention, certificats d'utilité, certificats complémentaires de protection, marques, topographies, appellations d'origine et obtentions végétales. Le brevet d'invention est donc un titre de Propriété Industrielle (PI), de la même façon qu'une parcelle de terrain est matérialisée par un titre de propriété foncière.

Le Code de la Propriété Intellectuelle précise que **« toute invention peut faire l'objet d'un titre de Propriété Industrielle (PI), délivré par l'INPI, qui confère à son titulaire un droit exclusif d'exploitation »**.

En France, les différents titres officiels qui protègent les inventions sont :

- les **brevets d'invention** ayant une durée de **20 ans** ;
- les **certificats d'utilité** ou « petits brevets » ayant une durée de **6 ans** ;
- les **certificats complémentaires de protection (CCP)** rattachés à un brevet portant sur un médicament (ou un produit phytosanitaire) et ayant pour objet de prolonger de quelques années la durée de la protection résultant du brevet auquel ils sont rattachés ;
- les **certificats d'obtentions végétales** qui protègent certaines variétés végétales.

Les certificats complémentaires de protection (CCP) ont une grande importance, malgré leur nombre relativement faible : ils représentent en effet un titre particulier qui concrétise un allongement de la durée de vie d'une partie du brevet auxquels ils sont rattachés et ayant fait l'objet d'une Autorisation de Mise sur le Marché (AMM). De ce fait, ils permettent à l'industrie pharmaceutique et phytosanitaire de rentabiliser sur une plus longue période les investissements réalisés en Recherche & Développement (R&D).

Nous proposons, pour la suite de cet essai, de nous attacher plus particulièrement à l'étude des titres de Propriété Industrielle (PI) qui protègent les inventions, à savoir les brevets d'invention, les certificats d'utilité et les CCP, pour répondre à la question suivante : **quels sont les mécanismes – s'ils existent – susceptibles de relier innovation technologique et développement économique ?**

Cette proposition, pour arbitraire qu'elle paraisse, ne vise nullement à minimiser le rôle de la Propriété Intellectuelle et Artistique, bien au contraire ; les autres outils de Propriété Industrielle (PI), tels les marques ou les modèles, jouent également un rôle important dans l'économie française. Par exemple, les droits d'auteurs littéraires ou cinématographiques sont en France l'un des piliers de l'attractivité du pays et génèrent des revenus substantiels. Une étude sur l'impact de ces autres acteurs économiques pourrait être conduite, pour rechercher, par exemple, s'il existe un lien de corrélation et de causalité entre le nombre de dépôts de marques et la croissance. Les professions de la mode, du luxe, des arts de la table, plus orientées que d'autres vers les créations esthétiques ou les signes distinctifs, sont également un terrain privilégié d'analyse.

Ajoutons que les brevets d'invention peuvent porter sur des procédés de fabrication (flacons de parfum, textiles nouveaux, emballages, à titre d'exemples non limitatifs), ainsi que sur les produits obtenus au moyen de ces procédés ; par ailleurs, le succès d'une innovation provient de plus en plus souvent d'une **combinaison de facteurs** techniques, esthétiques, de packaging, ainsi que d'une stratégie de marque et de communication (un nouvel ordinateur, une automobile, un stylo, etc.).

La définition officielle des titres de Propriété Industrielle (PI), issue du Code de la Propriété Intellectuelle, ne nous apprenant pas grand-chose sur ce qu'est en réalité un brevet d'invention, il nous paraît souhaitable d'en présenter les caractéristiques sous divers angles, pour son titulaire, pour les tiers, pour la société française et pour la communauté internationale.

## 7 Le « MINIPOLE » du brevet d'invention, ou le contrat moral passé avec la société

Nous n'allons pas à ce stade faire de distinction entre la demande de brevet d'invention et le brevet d'invention lui-même, qui est le nom du titre officiel lorsque le brevet a été accordé ; le cheminement entre l'invention, la demande de brevet et le brevet fera l'objet du chapitre suivant de cet essai. Ainsi, le titulaire d'un brevet d'invention délivré par l'Institut National de la Propriété Industrielle (INPI) se voit octroyer un **droit exclusif d'exploitation**. Il s'agit donc littéralement d'un **monopole**. Mais ce monopole est d'un genre particulier, d'où la suggestion du néologisme « **minipole** » désignant un brevet d'invention.

Voyons quelles sont les caractéristiques essentielles de ce **minipole** :

- Pour son titulaire, il confère, comme nous l'avons indiqué, un droit exclusif d'exploitation : ceci permet d'interdire à un tiers de copier l'objet du brevet, sous peine d'en être jugé contrefacteur ; ce droit s'étend aux licenciés exclusifs ou non exclusifs.
- Contrairement à un monopole classique, il est limité dans le temps : son exercice s'arrête lorsque le brevet d'invention expire, au plus tard 20 ans à dater du jour du dépôt de la demande de brevet.
- Il s'exerce en France, et nulle part ailleurs, s'agissant d'un brevet français. En cas de dépôt dans certains pays étrangers, le droit exclusif ne sera étendu qu'à ces pays. *A contrario*, en cas d'absence de dépôt à l'étranger, toute personne peut y reproduire l'invention.
- Il est soumis à une taxe annuelle de maintien en vigueur payée à l'État. À défaut de paiement de cette annuité, le brevet cesse d'être en vigueur, et le droit exclusif disparaît ; on dit alors que l'invention est « tombée dans le domaine public », et toute personne peut exploiter l'invention en France et à l'étranger, si des brevets parallèles et en vigueur n'y existent pas.
- Avant même sa délivrance, alors qu'il n'existe encore que sous forme d'une demande de brevet, il peut être rejeté par l'INPI. L'Office Européen de Brevets (OEB) peut également rejeter une demande de brevet européen revendiquant la priorité (voir ce terme plus loin) d'un dépôt français, ce qui a pour conséquence pratique d'affaiblir, voire de détruire le brevet français de base.
- Une décision de justice peut le révoquer, totalement ou partiellement ; cette révocation peut intervenir à tout moment pendant la vie du brevet.
- Il est soumis à la publication, 18 mois après la date de dépôt, du texte intégral de la demande ; cette publication est accessible à tout individu dans le monde et vient s'ajouter au patrimoine universel des connaissances.
- Il voit ses effets « s'épuiser » vis-à-vis de l'acheteur du produit breveté : le concept d'« épuisement du droit » signifie – en simplifiant – qu'un consommateur ayant régulièrement acquis un produit protégé par un brevet d'invention n'est pas lui-même contrefacteur du titulaire du brevet, et que le produit peut alors circuler librement.

• Il peut faire l'objet d'une « expropriation » ou être soumis à une licence d'office ou obligatoire dans plusieurs circonstances : insuffisance d'exploitation, besoins de la défense nationale, intérêt de la santé publique.

Ainsi, et compte tenu de ces caractéristiques restrictives, il serait plus juste, à propos des brevets d'invention, de parler de **minipole** plutôt que d'un monopole. En conclusion, et en contrepartie de ce **minipole temporaire, territorial et conditionnel** dont bénéficie l'inventeur, la communauté toute entière s'enrichit d'un savoir nouveau (du fait de la publication à 18 mois des demandes de brevet), savoir qu'elle peut à terme librement exploiter (lorsque le brevet n'est plus en vigueur pour n'importe quel motif). Cette publication officielle permet à d'autres inventeurs d'imaginer d'autres inventions, qui viendront perfectionner celle venant d'être publiée. Bien avant qu'intervienne la publication de la demande de brevet, l'inventeur peut exploiter publiquement l'invention, seulement quelques semaines après la date de dépôt en France : ce délai de quelques semaines est celui dont bénéficie le ministère de la Défense pour éventuellement user de son veto, pour les besoins de la sécurité nationale. L'inventeur se voit donc offrir, sous conditions, une option de faire prospérer l'invention à son profit exclusif, en échange d'une contribution au progrès général. Comme cela a été indiqué, toute personne peut librement exploiter l'invention dans les pays n'ayant pas fait l'objet d'une demande de brevet correspondant au brevet d'origine française, ou lorsque le brevet n'est plus en vigueur, pour quelque raison que ce soit. Ceci permet de développer des activités industrielles dans les pays dans lesquels l'inventeur n'a pas demandé, obtenu ou maintenu son minipole.

En contrepartie, l'information technique fournie par la publication des demandes de brevet de ses concurrents permet à l'inventeur français de compléter ses propres connaissances.

Le **minipole** a donc ses limites, avec des avantages pour la communauté et des avantages pour l'inventeur. Voilà pourquoi est souvent évoquée la notion de **contrat moral** passé entre l'inventeur et la société. Au chapitre suivant, sera abordée la naissance d'une demande de brevet d'invention, puis la vie et la mort du brevet d'invention, pour définir certains critères d'études statistiques utilisés par la suite.

Chapitre 6

# Le dépôt de la demande de brevet

*Pour tous, il faudra faire de la création une ambition,*
*de l'invention une exigence,*
*du nouveau une nécessité !*
Jacques Attali

Nous avons évoqué précédemment comment est conçue une invention, après de longues et souvent coûteuses recherches, mais aussi parfois après seulement quelques instants de réflexion d'un innovateur; voyons de quelle manière elle donne naissance à une demande de brevet. L'acte de dépôt d'une **demande de brevet** constitue véritablement le certificat de naissance d'une invention.

## 1 De la « naissance » de l'invention à sa métamorphose en demande de brevet

Tordons le cou à un abus de langage trop répandu : **on ne dépose pas un brevet, mais une demande de brevet**. Il s'agit d'un document qui présente l'invention selon des règles précises. La demande de brevet est déposée auprès de l'Institut National de la Propriété Industrielle (INPI) et reçoit une **date de dépôt**.

Cette date sera connue et reconnue dans tous les pays (sauf en cas de retrait de la demande avant sa publication). Par exemple, une demande de brevet déposée en France le 3 avril 2005, constitue dans le monde entier le nouvel **état de la technique** à cette date relativement à l'invention, objet de cette demande.

En prenant pour hypothèse qu'une invention a été menée à bien, mais qu'en pratique elle n'existe que dans le cerveau de l'inventeur, ou sous forme de notes éparses, qu'elle n'a donc pas été formalisée sur le papier, ni décrite dans un document, comment se développe et vit notre « protégée », à la fois dans le temps et dans l'espace ? Et de quelle manière passe-t-on de l'invention non formalisée au document présentant la demande de brevet et utilisé lors du dépôt ?

### Comment matérialise-t-on une invention en une demande de brevet d'invention ?

Bien que la démarche décrite ci-après soit simplifiée par rapport à la réalité, l'inventeur rédige un **mémoire descriptif de l'invention**, qui deviendra la demande de brevet d'invention; il peut décider de s'adjoindre les services d'un Conseil en Propriété Industrielle (CPI) de la profession libérale ou d'un Ingénieur Brevet Interne (IBI) à son entreprise et parfois les deux; cette tâche de rédaction est soumise à des contraintes contradictoires, car d'une part il faut aller vite pour bénéficier d'une date de dépôt au plus tôt, mais d'autre part il faut être exhaustif afin de couvrir largement le domaine visé par la protection, découlant de la demande de brevet. Rapidité et exhaustivité sont les composantes antagonistes du mémoire sur l'invention; ce mémoire sert de base au texte constituant la **demande de brevet**, laquelle fera l'objet d'un **dépôt** officiel auprès de l'Institut National de la Propriété Industrielle (INPI).

La demande de brevet doit faire rapidement l'objet d'un dépôt auprès de l'INPI, car le droit au brevet appartient en France au **premier déposant**, ou à son entreprise s'il est chargé d'une mission inventive.

Le **titulaire de la demande de brevet** (ou le **demandeur** ou encore le **déposant**), c'est-à-dire celui à qui appartient le droit au titre de Propriété Industrielle (PI), est l'inventeur; si ce dernier a réalisé l'invention dans le cadre d'une mission inventive de recherche que lui a confiée son employeur, le droit au titre appartient à cet employeur. Dans la suite de cet exposé, nous avons choisi dans un but de simplification, de « confondre » inventeur et déposant, ce qui n'est pas rigoureux au plan juridique, car ce sont en fait deux êtres distincts aux intérêts parfois divergents. À ce titre, il convient de se souvenir que les **inventeurs salariés** bénéficient de la part de leur entreprise – le déposant – d'une rémunération supplémentaire déterminée par leur contrat de travail et par les conventions collectives, y compris lorsqu'ils font partie d'organismes d'État.

Des dispositions particulières s'appliquent à chaque pays, mais il faut retenir qu'en règle générale si deux brevets concernent une même invention, c'est celui dont **la demande a été déposée la première qui l'emporte**, au jour près : la date de dépôt de la demande de brevet est primordiale. L'inventeur a de plus tout intérêt à perdre le moins de temps possible, car l'invention est encore confidentielle, et il souhaite en général l'exploiter au plus tôt auprès de sa clientèle ou au moyen d'une licence, mais sans risquer d'être copié par des tiers, ou d'être doublé par un concurrent.

À ce stade, l'inventeur s'interroge parfois sur la nécessité de conduire une **recherche d'antériorités**, dont l'objet est de trouver les publications (documents et brevets) antérieures portant sur la même invention : si celle-ci a déjà été imaginée et divulguée par un autre inventeur en France ou dans n'importe quel autre pays, il n'y a plus d'invention puisqu'elle existe déjà ! La recherche d'antériorités trouve son intérêt lorsqu'un inventeur explore pour la première fois un domaine technique nouveau pour lui; c'est le cas par exemple lors du premier dépôt d'une demande de brevet d'une entreprise. Mais, de nos jours, toute entreprise engagée dans un secteur technique donné utilise un service de **veille technologique** et connaît parfaitement les brevets de ce secteur ainsi que les annonces de ses concurrents : elle sait donc si l'invention en cause a de **bonnes chances d'être nouvelle**. Dans ce cas, la recherche d'antériorités est une perte de temps et une perte d'argent, d'autant plus que l'INPI fera un travail équivalent après le dépôt, dans d'excellentes conditions techniques et financières.

### Comment doit être constituée la demande de brevet ?

Celle-ci doit être exhaustive car le Code de la Propriété Intellectuelle comporte des règles précises, généralement acceptées dans tous les pays et qui sont au nombre de trois :

- **Règle n°1 :** la demande de brevet ne peut concerner qu'une seule invention et non pas une « boîte à outils » portant sur plusieurs objets différents ; on parle d' « **unité d'invention** » ;
- **Règle n°2 :** l'invention doit être exposée de façon suffisamment claire et complète pour qu'un **homme du métier** puisse l'exécuter : on parle de « **description** » de l'invention, qui doit comprendre une présentation de l'état de la technique antérieure, les inconvénients de cette technique antérieure, l'exposé de l'invention au moyen d'au moins un mode de réalisation « préféré », ainsi que les avantages procurés par cette invention ;
- **Règle n°3 :** l'objet de la protection demandée est défini par au moins une « **revendication** » qui doit être claire et concise et se fonder sur la description précédente (le terme anglais pour revendication est « *claim* »).

À titre d'exemple, la première revendication de l'invention sur le « fil à couper le courant » décrit précédemment pourrait être ainsi rédigée : « barrière de sécurité comportant une lisse pourvue d'un fil conducteur relié à un dispositif de détection de la continuité électrique dudit fil conducteur, **caractérisée** en ce que le fil conducteur est constitué de plusieurs brins conducteurs tressés, de faible longueur unitaire et portés par un support fibreux ». Des dispositions assez strictes régissent la forme et le fond de la demande de brevet et sont variables d'un pays à l'autre. Cependant, depuis les années 1980, les règles de présentation des demandes de brevet ont été harmonisées suivant l'exemple de la Convention sur le Brevet Européen (CBE), de telle sorte qu'une demande de brevet rédigée par un professionnel français ou européen est acceptée dans une centaine de pays, à des corrections de forme près.

Comme le faisaient les prospecteurs lors de la ruée vers l'or en acquérant une concession – un « *claim* » – sur un filon, l'inventeur, en déposant une demande de brevet, souhaite réserver un territoire de protection exclusif défini par les revendications.

Le « fil à couper le courant » est une invention dans le domaine des barrières de protection, consistant à employer un type particulier de conducteur électrique tressé ; les revendications définissent dans un ordre allant du général au particulier les différents modes de réalisation de l'invention et une revendication secondaire relative à cette invention pourrait préciser que le fil conducteur est disposé parallèlement à l'axe longitudinal de la barrière.

Combien de temps faut-il à un Conseil en Propriété Industrielle (CPI) ou à un Ingénieur Brevet Interne (IBI) pour rédiger une demande de brevet lorsque celle-ci est clairement et complètement exposée par l'inventeur ? En pratique, la durée de rédaction du **mémoire descriptif de l'invention** devrait être comprise entre 3 et 8 semaines, compte tenu des allers et retours du projet entre le professionnel qui rédige et l'inventeur qui contrôle ; lorsque le mémoire sur l'invention est terminé, l'invention a parcouru le chemin depuis sa conception jusqu'à sa naissance : la demande de brevet est enfin prête et peut faire l'objet d'un dépôt.

## 2 De la naissance à l'âge adulte : comment la demande de brevet se métamorphose-t-elle en brevet ?

L'inventeur évoqué au cours de ce chapitre n'est pas le seul inventeur en France ou dans le monde et des demandes de brevet portant sur des domaines techniques identiques, voisins ou différents sont déposées le même jour, dans n'importe quel pays, comme les feuilles qui, en automne, s'accumulent sur le sol.

À chaque instant et partout dans le monde, des inventeurs déposent des demandes de brevet, tandis que d'autres l'ont fait la veille et que d'autres encore le feront le lendemain. Cette succession perpétuelle de dépôts de demandes de brevet d'invention est le reflet de la compétition mondiale dans les différents domaines techniques et fera l'objet d'un développement ultérieur.

### Comment va vivre une demande de brevet déposée en France, à partir du jour de son dépôt ?

Si la demande de brevet ne porte pas sur un objet intéressant la Défense Nationale, qui peut alors exiger le secret, le dossier est instruit par un examinateur spécialisé de l'INPI ; celui-ci « examine » sa conformité sur la forme et sur le fond, diligente une recherche d'antériorités qui donne lieu à l'établissement d'un **Rapport de Recherche**, tout ceci au cours d'une « procédure d'examen » qui se déroule en général sur 3 à 4 ans, pour aboutir à la **délivrance** du brevet d'invention. Cette procédure d'examen a pour but de vérifier que les revendications objet de la demande de brevet portent bien sur une invention et que cette invention satisfait aux **critères de brevetabilité** requis par le Code de la Propriété Intellectuelle dans son Livre sur la « protection des inventions et des connaissances techniques ». D'éminents ouvrages, rédigés par des Conseils en Propriété Industrielle (CPI), par des Ingénieurs Brevets Internes (IBI) aux entreprises, par des Avocats spécialistes en Propriété Industrielle (PI) ou par des Universitaires, traitent dans le détail de ces questions de brevetabilité, seulement résumées ci-dessous.

**Quelles sont les conditions essentielles de brevetabilité ?**

• Une **innovation n'est pas toujours considérée comme une invention** : par exemple, une théorie scientifique, une méthode mathématique, une création esthétique, un principe économique, un programme d'ordinateur, un « concept », même s'ils sont nouveaux et inédits, ne sont pas considérés comme des inventions; toute autre innovation, sous diverses réserves, peut prétendre à la qualification d'invention;

• en outre, **une invention n'est pas dans tous les cas brevetable**; pour être **brevetable**, une invention ne doit pas être contraire aux bonnes mœurs et **doit être nouvelle, impliquer une activité inventive et être susceptible d'application industrielle**.

Ce dernier alinéa définit les **trois critères de brevetabilité** d'une invention qui sont la **nouveauté**, l'**activité inventive** et l'**application industrielle**. Rappelons succinctement pour la clarté de l'exposé comment sont appréhendés ces critères de brevetabilité.

• La **nouveauté** : une invention est considérée comme **nouvelle** si elle n'est pas « comprise dans l'état de la technique », lequel est constitué par tout ce qui a été publié ou décrit **avant la date de dépôt** de la demande de brevet, d'où l'importance de cette date, car tout ce qui a été divulgué avant fait évidemment partie de l'état de la technique. La publication des résultats d'une recherche sur Internet, dans une revue scientifique, dans une brochure publicitaire ou lors d'une communication orale publique, si elle intervient avant le jour du dépôt de la demande de brevet, suffit à anéantir la nouveauté de l'invention ainsi divulguée. Cependant un « délai de grâce » permet, dans certains cas très particuliers, de déposer une demande de brevet dans les six mois suivants la publication de l'invention par son inventeur. Le critère de nouveauté est d'interprétation stricte, ce qui signifie qu'il suffit d'une infime différence pour distinguer une invention « nouvelle » de l'état antérieur de la technique.

• L'**activité inventive** : il ne suffit pas non plus qu'une invention soit nouvelle pour qu'elle soit brevetable; encore faut-il que sa conception implique une activité inventive, c'est-à-dire qu'elle ne « découle pas d'une manière **évidente** de l'état de la technique » pour un spécialiste du domaine considéré, appelé « homme du métier ». Il s'agit en l'occurrence d'exiger d'une invention qu'elle réalise un « **pas inventif** » par rapport à l'existant. On notera que ce pas inventif ne doit pas être « évident », c'est-à-dire résulter naturellement et directement de ce qui existe.

À cet égard, il convient de se rappeler que pour juger du caractère évident d'une invention, on doit toujours se placer à la date du dépôt de la demande de brevet et non pas après cette date; si la demande de brevet était déposée à l'instant où l'invention naît dans l'esprit du chercheur, il conviendrait pour en apprécier la pertinence de se placer à cet instant, et non pas plus tard. Le critère d'activité inventive est, quant à lui, d'interprétation souple, et varie selon les pays, les Instituts de Propriété Industrielle (PI) et les examinateurs chargés d'instruire la demande de brevet. Son application en France par l'INPI est particulièrement libérale, les examinateurs n'ayant pas la faculté de rejeter *stricto sensu* une demande de brevet pour défaut d'activité inventive.

• L'**application industrielle** : une invention est susceptible d'application industrielle si « son objet peut être fabriqué ou utilisé **dans tout genre d'industrie**, y compris l'agriculture ». Cette notion, quelque peu désuète dans sa formulation, signifie que l'invention doit trouver un domaine d'application, une forme de réalisation, ce qui a pour conséquence d'exclure du champ de la brevetabilité les innovations récentes en informatique ou dans le domaine des méthodes économiques et commerciales. Des études sont en cours dans pratiquement tous les pays pour moderniser cette définition et l'adapter aux nouvelles technologies.

En France, le Code de la Propriété Intellectuelle définit ainsi les critères de brevetabilité des inventions, mais de semblables règles ont été également édictées pour les demandes de brevet européen et les demandes internationales de brevet. La complexité de ces règles reste encore relativement grande, ce qui implique de faire appel dans chaque pays à des correspondants locaux, membres de la Fédération Internationale des Conseils en Propriété Intellectuelle (FICPI), chacun étant mieux à même dans son pays de parvenir au résultat escompté qui est l'obtention du brevet.

Des mesures d'harmonisation sont partout envisagées, afin de rendre plus facile et moins coûteuse la démarche des inventeurs et des entreprises. Certaines dispositions relatives à ces mesures d'harmonisation sont évoquées dans la suite de cet essai. Il faut d'ores et déjà retenir que l'Europe est très en avance dans ce domaine depuis l'avènement en 1978 de la Convention sur le Brevet Européen (CBE) : aucun autre continent n'est parvenu à ce jour à un tel degré d'unification. Ajoutons que ces dispositions bénéficient aux déposants français, mais également à leurs homologues et concurrents situés hors de l'Europe, tandis que la réciprocité n'existe pas pour les déposants français qui souhaiteraient obtenir un « brevet asiatique » ou un « brevet nord-américain », et qui doivent encore déposer une demande de brevet par pays dans les autres continents.

Par ailleurs, le champ de la brevetabilité s'accroît petit à petit : les méthodes commerciales *(business methods)*, les logiciels, la génétique sont progressivement concernés par les brevets, avec des différences d'approche éthique selon les pays.

### Quelles sont les étapes suivantes du dossier de demande de brevet, jusqu'à la « majorité » de l'invention, c'est-à-dire la délivrance du brevet ?

La procédure d'examen se déroule sous l'égide de l'INPI, qui vérifie si l'innovation peut être considérée comme une invention et, dans l'affirmative, si l'invention satisfait aux deux premiers critères de brevetabilité, l'INPI n'examinant pas au fond le critère d'activité inventive.

Si le Rapport de Recherche mentionné précédemment met en évidence un brevet ou un document antérieur (antériorité) relatif à une technique strictement identique à l'objet de la demande de brevet, l'invention décrite dans la demande de brevet n'est pas nouvelle, et donc pas brevetable; la demande de brevet devra être retirée.

Par ailleurs, lorsque la conception de l'innovation, objet de la demande de brevet, est évidente pour un spécialiste du domaine considéré connaissant l'état de la technique, elle n'implique pas d'activité inventive et le pas inventif n'est pas considéré comme suffisant pour qu'il s'agisse d'une invention brevetable. L'inventeur, assisté de son conseil, apprécie le critère d'activité inventive pour décider de maintenir ou de retirer la demande de brevet. Dans un dossier de demande de brevet, il convient d'examiner, à cet égard, chacune des revendications, pour apprécier si, au vu des antériorités citées dans le Rapport de Recherche, certaines d'entres elles peuvent être considérées comme portant sur un objet brevetable.

L'exemple du « fil à couper le courant » permet de mieux appréhender cette gymnastique de limitation des revendications. L'inventeur pourrait décider, au vu d'une antériorité, que seules les barrières comportant un dispositif de détection de la rupture électrique placé à l'intérieur du socle de la barrière sont retenues, ce qui exclurait les barrières reliées à un dispositif de détection distant. Ainsi, au vu du Rapport de Recherche, le déposant de la demande de brevet peut et doit alors restreindre la portée de sa demande et rédiger de nouvelles revendications plus ciblées, qui seront déposées en remplacement des revendications d'origine. En empruntant l'image du prospecteur déposant un « *claim* » sur un terrain en vue d'obtenir l'exclusivité sur un filon aurifère, la démarche de limitation des revendications de la demande de brevet revient à diminuer le « *claim* » à de l'or 20 carats, en abandonnant les qualités d'or inférieures.

La procédure d'établissement du Rapport de Recherche, puis l'étude au fond du dossier et le dépôt de nouvelles revendications mieux ciblées s'effectuent en général dans les 6 à 10 mois suivant la date de dépôt de la demande de brevet. On notera que ce délai est inférieur à 12 mois, ce qui est très important, comme on le verra plus loin, lorsque l'inventeur envisage de déposer à l'étranger des demandes de brevet correspondant à la demande française.

Lorsque l'INPI a terminé sa mission d'instruction de la demande de brevet, le brevet est **délivré**. En France, il s'écoule environ trois ans entre la date de dépôt des revendications modifiées et la **délivrance** du brevet, parfois davantage ! C'est une trop longue attente pour les déposants, alors même qu'il n'existe pas de procédure d'opposition de tiers, procédure qui allonge les délais mais garantit une meilleure « qualité » du titre délivré. À titre d'exemple, le brevet européen obtenu après procédure d'opposition est moins susceptible d'être contesté devant la justice qu'un brevet français obtenu dans les conditions actuelles. De nombreux spécialistes considèrent que la mise en place en France d'une procédure de délivrance accélérée, comprenant un examen au fond de brevetabilité et une possibilité d'opposition de tiers, serait de nature à améliorer l'image que l'on a de la Propriété Industrielle (PI) en général et des brevets en particulier. Lors de la délivrance du brevet, l'INPI adresse au déposant le **Certificat de brevet d'invention**, document officiel qui comprend la description de l'invention et les revendications éventuellement modifiées suite à l'établissement du Rapport de Recherche.

## 3 La publication légale des inventions

Nous avons vu qu'entre la date de dépôt de la demande de brevet et la date de délivrance du titre, il se passe environ 3 ans. Mais, dans cet intervalle, précisément 18 mois après la date de dépôt, le texte intégral de la demande de brevet fait l'objet d'une **publication par l'INPI**, ce qui constitue un événement important, car cette publication vient compléter la masse des connaissances mises à la disposition des chercheurs et des entreprises du monde entier, et trouve sa justification dans le **contrat moral** passé entre la société et l'inventeur.

Ce chapitre, rédigé en simplifiant parfois à l'extrême les dispositions législatives et réglementaires du Code de la Propriété Intellectuelle relatives aux connaissances techniques, ne serait pas complet s'il n'abordait pas une dernière difficulté, financière celle-là.

## 4 Nourrir l'invention, c'est assurer son maintien en vigueur : les annuités

Pour poursuivre la comparaison entre une invention et un organisme vivant, la demande de brevet, puis le brevet délivré, ne sont pas des objets inertes que l'on peut entretenir sans apport d'énergie : il s'agit en l'occurrence d'une énergie sonnante et, on le verra, trébuchante ! En effet, toute demande de brevet ou tout brevet donne lieu au paiement de redevances. Ces redevances sont appelées des **annuités** ; comme leur nom l'indique, les annuités sont payables chaque année à l'État, et augmentent avec l'âge du brevet. Elles constituent le souffle vital de la demande de brevet puis du brevet après sa délivrance.

Si l'annuité n'est pas réglée dans les délais, la demande de brevet ou le brevet n'y survit pas. On dit alors que le titre de Propriété Industrielle (PI) n'est plus en vigueur, ou qu'il est tombé dans le **domaine public**. Dans ce cas, toute personne peut utiliser librement l'invention.

Si, au contraire, l'annuité est régulièrement acquittée, le titre de Propriété Industrielle (PI) est en vigueur, et ne peut être exploité que par son propriétaire ou par les tiers autorisés par ce propriétaire. Le titulaire de la demande de brevet ou du brevet décide chaque année si l'invention est toujours utile et s'il convient de conserver la demande de brevet ou le brevet.

Cette situation se prolonge toute la vie du brevet, jusqu'à **20 ans** après la date de dépôt de la demande, parfois **davantage** pour les certificats complémentaires de protection (CCP) rattachés à un brevet ayant pour objet un médicament ou un produit phytosanitaire, mais seulement **6 ans** pour les certificats d'utilité (CU).

Il existe donc, à un moment donné et dans un pays donné, un certain nombre de titres de Propriété Industrielle simultanément en vigueur, qui sont tous ceux pour lesquels l'annuité a été payée. Pour reprendre l'image du prospecteur, celui-ci n'est plus seul ! Il est entouré d'autres prospecteurs, qui ont chacun déposé une concession, mais chacune pour un filon distinct, tout ce petit monde coexistant pacifiquement. Ce qualificatif est employé à dessein, car nous verrons en évoquant la question des procès en contrefaçon qu'une bagarre peut éclater entre déposants ou utilisateurs !

Certains se demandent parfois combien il existe en France de demandes de brevet ou de brevets en vigueur simultanément à un instant donné. Si, à titre d'exemple, 10 000 demandes de brevet sont déposées par an, si tous les brevets correspondant à ces demandes sont délivrés et si toutes les annuités sont acquittées pendant les 20 années de la vie des brevets, il y a 200 000 brevets simultanément en vigueur, les naissances nouvelles remplaçant dans ce cas théorique les disparitions. Cette hypothèse illustre le cycle permanent des inventions nouvelles qui voient le jour et contribuent à l'amélioration des connaissances de la communauté technique et scientifique, tandis que les plus anciennes tombent dans le domaine public.

L'exemple donné ne reflète que très partiellement la réalité, puisque le nombre de demandes de brevet évolue chaque année et que le nombre de titres en vigueur dépend avant tout de l'importance de chaque invention. En fait, la durée moyenne de maintien en vigueur d'un brevet d'invention est de **7 ans**. Le nombre de brevets en vigueur était en France de l'ordre de 400 000 en 2003, si l'on compte la totalité des brevets toutes origines confondues.

Le chapitre suivant aborde la question du « clonage » de la demande de brevet lors de son « extension » dans les autres pays.

Chapitre 7

# Le « clonage » de l'invention

*L'innovation systématique requiert la volonté de considérer le changement comme une opportunité.*
Peter Drucker

## 1 Pourquoi parler de clonage ?

Lorsqu'un éditeur publie un roman en France, il n'y a pas d'équivalent à l'étranger. S'il souhaite publier le roman aux États-Unis ou au Japon, il cède ses droits à des éditeurs des pays concernés, mais le fond du roman reste identique. Ce qui change, c'est la langue de publication, la présentation, le titre, la diffusion.

La situation est similaire pour une invention ayant fait l'objet d'une demande de brevet en France. Celle-ci étend ses effets à **la France** et nulle part ailleurs !

Le dépôt de la demande de brevet en France n'a pas engendré de « brevet mondial » et il n'existe au jour du dépôt en France aucun dossier similaire à l'étranger. La concession du prospecteur vaut pour un territoire particulier, mais ne lui donne pas le droit de s'attribuer un autre territoire de prospection dans la vallée voisine.

Grâce à un « **clonage juridique** », l'inventeur va disposer d'un droit pour protéger son invention dans la plupart des pays du monde. Ceci est rendu possible grâce à un mécanisme original qui permet au déposant d'élargir son horizon à l'international ; ce mécanisme est décrit ci-après dans son principe, en poursuivant notre analogie de l'invention et d'un organisme vivant.

C'est l'application du **Droit de Priorité (DP)**, qui a pour origine la Convention d'Union de Paris (CUP).

## 2 Le Droit de Priorité (DP)

Le dépôt de la demande de brevet en France entraîne l'attribution par l'INPI d'une **date de dépôt** ; le Droit de Priorité (DP) consiste à faire bénéficier le déposant du droit de disposer d'**un an** pour effectuer des dépôts identiques à l'étranger en conservant la **date de dépôt d'origine**. Autrement dit, l'invention a la capacité de se cloner dans tous les pays, en bénéficiant des prérogatives de la date de dépôt attribuée en France.

Comme son nom l'indique fort justement, le Droit de Priorité permet à l'inventeur d'être prioritaire pour déposer à l'étranger une demande de brevet portant sur son invention, identique à la demande de base d'origine française. De plus, l'invention est considérée à l'étranger comme si elle y avait été conçue à la date initiale de dépôt en France.

Si le Droit de Priorité (DP) n'existait pas, une invention exploitée en France quelques semaines après le dépôt de la demande de brevet français ne serait plus nouvelle nulle part, dès lors que l'exploitation aurait été rendue publique. Dans tous les autres pays, le critère de nouveauté ne serait pas respecté et l'invention ne serait plus brevetable. Pour que l'invention reste nouvelle – et éventuellement brevetable – à l'étranger, il faudrait que le déposant français conserve confidentielle l'invention, objet de la demande de brevet français, tant qu'il n'a pas déposé à l'étranger.

L'application du Droit de Priorité (DP) permet donc d'exploiter dès l'origine l'invention en France et, simultanément, de faire « remonter dans le temps » les dépôts effectués à l'étranger et ayant pour objet une même invention, sans pour autant détruire la nouveauté de celle-ci. Cette opération de clonage a pour résultat d'offrir à un déposant français un délai d'un an pour déposer dans tous les pays du monde une demande de brevet qui reproduit l'invention. Cette possibilité est un droit, pas une obligation.

En pratique, les déposants français usent de ce droit dans un certain nombre de pays, mais pas dans trente ou cinquante pays, car seules les entreprises multinationales et ayant des marchés mondiaux effectuent de très grandes séries de dépôts à l'étranger. En outre, chaque demande de brevet déposée va faire l'objet d'un examen de brevetabilité, dans chaque pays. Les critères de brevetabilité n'étant pas uniformes, un déposant français n'a pas la certitude d'obtenir autant de brevets qu'il a effectué de demandes de brevet. Les déposants, dans un souci légitime de mesurer leurs dépenses, n'engagent des opérations de dépôts à l'étranger qu'en fonction des retombées attendues dans chaque pays et des probabilités d'y obtenir en fin de compte un brevet d'invention.

Le Droit de Priorité (DP) s'applique de même aux demandes de certificat d'utilité (CU), dont la délivrance est aisée à obtenir en France, mais plus délicate dans les pays qui pratiquent un examen de brevetabilité ; en effet, les certificats d'utilité n'étant pas soumis à l'obligation d'établissement du Rapport de Recherche comme les brevets, on ne sait pas ce que vaut l'invention au plan de la brevetabilité. Il convient donc d'être particulièrement prudent avant tout dépôt dans un autre pays, en ce qui concerne les certificats d'utilité.

En résumé, le mécanisme du Droit de Priorité (DP) est donc une création juridique unique grâce à laquelle une invention nouvelle, imaginée puis divulguée dans un pays quelconque (en France par exemple), est considérée comme nouvelle dans le monde entier pendant douze mois. Cependant, pour qu'une invention, objet d'une demande de brevet déposée en France, soit également protégée dans un pays étranger, l'inventeur doit effectuer un acte volontaire de dépôt de demande de brevet dans ce pays. Cet acte de dépôt est une décision de gestion, qui peut et doit être prise au plus tard un an après la date de dépôt en France pour bénéficier du Droit de Priorité (DP).

Réciproquement, les inventeurs étrangers disposent du même droit pour étendre à la France les demandes de brevet correspondant aux demandes effectuées dans leur pays.

Notons que, dans le domaine des marques et des modèles, un déposant dispose également d'un Droit de Priorité (DP) pour déposer dans d'autres pays les marques et modèles ayant fait l'objet d'un premier dépôt en France. Les déposants étrangers de marques et de modèles bénéficient, quant à eux, du même droit de dépôt en France, sous priorité d'un premier dépôt effectué dans un autre pays. Toutefois, en ce qui concerne les marques et les modèles, le délai de priorité n'est que de 6 mois.

## 3 Et si le Droit de Priorité (DP) n'existait pas ?

Si le Droit de Priorité (DP) n'existait pas, l'inventeur devrait déposer des demandes de brevet dans tous les pays où il pense exploiter l'invention, le jour même du dépôt en France ou, au plus tard, avant de commencer l'exploitation publique de l'invention, ou avant la publication officielle de la demande de brevet français.

Le choix de ces pays serait alors très délicat à faire, car le déposant n'a pas encore d'idée précise du succès que son invention est susceptible de rencontrer. Par ailleurs, de nombreux pays utilisent une langue nationale officielle différente du français (allemand, anglais, espagnol, portugais, italien, grec, hollandais, japonais, chinois, lituanien, polonais, etc.), langue qu'il est de règle d'utiliser dans les dossiers de demandes de brevet comme dans tous les actes juridiques, diplomatiques et commerciaux de ces pays. Dès lors, déposer une demande de brevet à l'étranger reviendrait à effectuer dès l'origine, outre un choix hasardeux de pays, autant de traductions dans autant de langues officielles que de pays, en allemand, en anglais et en japonais par exemple, et à engager ces dépenses prématurément.

En ce qui concerne les marques, l'application du Droit de Priorité (DP) permet de déposer une demande d'enregistrement de marque en France, de commencer à exploiter cette marque et de différer de 6 mois la décision de dépôt à l'étranger, tout en étant assuré que personne ne pourra, pendant cette période de 6 mois, s'approprier dans un autre pays la marque déposée en France. Il en est de même dans le domaine des modèles.

## 4 Quels sont pour l'inventeur les autres bénéfices du Droit de Priorité (DP) ?

L'application du Droit de Priorité (DP) permet de différer la décision de dépôt à l'étranger, d'en mesurer l'opportunité et de reporter d'autant les frais correspondants. Le délai d'un an est mis à profit pour vérifier si l'exploitation de l'invention est satisfaisante et si la probabilité d'obtenir le ou les brevet(s) est acceptable. On se souvient en effet que, suite au dépôt de la demande de brevet en France, l'INPI produit un Rapport de Recherche (préliminaire) dans un délai en principe, et sauf exception, de l'ordre de 6 à 8 mois.

Ce Rapport de Recherche est constitué par la liste des principales **antériorités** susceptibles de porter atteinte à la brevetabilité de l'invention ; il s'agit pour l'essentiel des demandes de brevet et des brevets déposés et publiés en France ou à l'étranger antérieurement à la date de dépôt en France. Il s'agit aussi des documents pertinents au plan de la brevetabilité mais qui n'ont pas été encore publiés, ce qui conduit au phénomène de « double brevetabilité ». La communication par l'INPI du Rapport de Recherche intervient donc **avant l'expiration du délai d'un an du Droit de Priorité (DP)**. Le Rapport de Recherche est un outil précieux pour mesurer la pertinence d'un dossier de demande de brevet.

Un inventeur ou un déposant, assisté le cas échéant d'un Conseil en Propriété Industrielle (CPI) ou d'un Ingénieur Brevet Interne (IBI), analyse les antériorités citées dans le Rapport de Recherche, évalue les probabilités qu'a l'invention d'être considérée comme brevetable. Lorsque la probabilité d'obtenir le brevet est jugée suffisante, l'inventeur dispose encore de quelques semaines ou de quelques mois pour décider de cloner l'invention à l'étranger.

Cette analyse est conduite en tenant compte des règles de brevetabilité propres à chaque pays, en consultant un correspondant local en cas de doute. En fait, grâce à des mesures d'harmonisation au plan international, la plupart des pays ont, à des degrés divers, des critères de brevetabilité similaires à ceux utilisés en France et certains parmi eux utilisent de surcroît les Rapports de Recherche émis par les autres pays. Par conséquent, les antériorités mises au jour par le Rapport de Recherche établi en France constitueront souvent l'essentiel du dossier d'examen à l'étranger.

Il est donc raisonnable de soutenir qu'une demande de brevet ayant la faculté d'être délivrée en France ne sera pas beaucoup plus difficile à obtenir à l'étranger, sous réserve d'une étude approfondie des antériorités. La décision de clonage de l'invention, sur la base de la communication par l'INPI du Rapport de Recherche, est donc également raisonnable.

On constate cependant qu'il existe encore des disparités significatives selon les pays ou les territoires, de même que d'évidentes barrières protectionnistes de la part de certaines juridictions. Il suffit pour le constater de mesurer le rapport pays par pays entre les brevets délivrés d'origine nationale et ceux d'origine étrangère.

Quoi qu'il en soit, et en conclusion, le mécanisme du Droit de Priorité (DP) donne au déposant un délai de un an pour prendre la décision de déposer à l'étranger des demandes de brevet basées sur la demande française de base. Si l'on revient à l'exemple du « fil à couper le courant », il est clair qu'il existe des barrières de péage, de parking et des passages à niveaux dans d'autres pays que la France. Il peut donc être utile de déposer des demandes de brevet sur l'invention en cause dans un certain nombre de pays. Mais faut-il pour autant cloner une invention dans le monde entier ?

## 5 Clonage mondial ?

Parfois, un inventeur astucieux, un homme d'affaires avisé, un investisseur éclairé pourrait avoir la pensée suivante : « Cette invention est géniale, elle va faire ma fortune, je voudrais un brevet mondial ! ». Il serait tentant de céder aux sirènes du profit, d'être ébloui par sa propre ingéniosité, surtout si un éclair inventif surprenant et une excellente équipe de recherche ont permis de découvrir une innovation majeure.

Le lancement d'un produit correspondant à une invention nouvelle, même si celle-ci est d'importance, est une décision qui ne doit pas être prise à la légère. Elle implique en effet une série d'opérations coûteuses en temps, en énergie, en ressources : développer des prototypes, effectuer des tests pour améliorer ces prototypes, monter des chaînes de fabrication, développer une campagne de communication, former des équipes, etc. À ces moyens, s'ajoutent les dépenses humaines et financières de protection de l'invention. Celles-ci sont une goutte d'eau par rapport aux sommes totales mises en jeu, généralement de l'ordre de 1 à 2 %, comme le montre l'exemple suivant.

Le lancement d'une nouvelle voiture, qui, inévitablement, comporte un certain nombre d'innovations inédites sur le marché, entraîne des dépenses de l'ordre d'un milliard d'euros. Supposons que, pour cette voiture, dix innovations donnent lieu à dix demandes de brevet, et supposons que chaque demande de brevet soit étendue dans vingt pays. Déposer dix demandes de brevet en France, puis étendre tous ces dépôts dans vingt pays, ne revient pas à plus d'un million et demi d'euros, à raison, en moyenne, de sept mille euros par dossier et par pays, ce qui correspond à 1,5 % de l'investissement total.

Mais en réalité, un produit nouvellement lancé entraîne rarement le dépôt de dix demandes de brevet, et l'on est donc loin des budgets indiqués pour une automobile. De plus, il arrive le plus souvent qu'une série d'améliorations vient peu à peu s'incorporer à un produit existant, comme c'est le cas par exemple des coussins de sécurité dans les voitures, ce qui permet un étalement des dépenses au fur et à mesure que les nouveautés sont intégrées au produit.

Le choix des pays dans lesquels l'invention sera clonée doit être évalué soigneusement, en mettant en balance les perspectives de développement économique avec les dépenses à engager pour distribuer l'innovation à l'étranger, ainsi que pour obtenir et maintenir en vigueur les brevets. Comme cela a déjà été indiqué, seules les grandes entreprises agissant mondialement ont la capacité humaine et financière d'« inonder » le monde de leurs brevets, après avoir consacré d'importants investissements en Recherche et Développement, ainsi qu'en équipes techniques et commerciales. Pour l'immense majorité des petites et moyennes entreprises (PME), une sélection rigoureuse des pays intéressants permet d'effectuer des choix techniques et budgétaires appropriés.

Cette sélection étant faite, il convient d'abandonner les autres pays sans regret, en réservant, le cas échéant, certains territoires à des opérations de concession de licences (« licensing »), ou la négociation de licences croisées avec des partenaires. De l'avis des experts, le licensing ne tient pas en France la place qui lui revient.

Les grandes entreprises ont mis en place des équipes spécialisées pour proposer à des partenaires des contrats de licence susceptibles de générer des revenus de brevets, traquer les contrefacteurs en les contraignant à prendre licence, négocier avec des concurrents des accords croisés d'échanges de technologie permettant à chacun de bénéficier des innovations de l'autre tout en évitant de coûteux procès. Les revenus du licensing sont une source de profit majeure dans certaines entreprises.

Il est en effet souvent préférable de recevoir un revenu, même modeste, d'un licencié, plutôt que de lui interdire de se développer, et s'il passe outre, d'engager un procès dont l'issue n'est jamais certaine. Nombreux sont les chercheurs et spécialistes qui recommandent aux PME de mettre en place une telle politique, le revenu du licensing permettant à son tour d'engager de nouvelles activités de Recherche.

Ainsi, chaque demande de brevet doit faire l'objet d'une évaluation soigneuse au cours des douze premiers mois suivant la date de dépôt de la demande en France, c'est-à-dire avant l'expiration du délai de Priorité, puis chaque année lorsqu'il s'agit de régler les annuités et de valider l'impact financier pour le déposant des inventions ayant fait l'objet de demandes de brevet. Les Conseils en Propriété Industrielle (CPI) et les Ingénieurs Brevet Internes (IBI) des entreprises disposent de méthodes permettant de calculer un **Budget Annuel par Projet Inventif (BAPI)** et d'en mesurer les résultats économiques.

En conclusion, nous partageons l'avis selon lequel il est sage d'adapter le clonage de l'invention à un nombre raisonné de pays, et d'écarter *a priori* toute velléité de clonage universel ou mondial.

## 6 Clonage national, européen ou international ?

L'inventeur avisé ayant renoncé à déposer dans plus de 20 pays des demandes de brevet correspondant à la demande d'origine déposée en France peut s'interroger sur l'opportunité d'étendre à l'Europe la protection dont bénéficie son invention. La majorité des échanges commerciaux en Europe est en effet réalisée entre pays européens, qui constituent de très loin le premier marché pour les entreprises françaises.

En fonction du secteur économique dans lequel elles interviennent, les entreprises connaissent les pays vers lesquels elles exportent des biens et des services, ainsi que les pays dans lesquels il serait souhaitable de se développer à l'avenir, avec une perspective de 5 à 10 ans. Une telle perspective, et non pas le court terme, est nécessaire pour gérer une entreprise dans la durée. Les analystes économiques font souvent le constat que la vision du moyen et du long terme fait parfois défaut en France, tandis qu'elle est la norme au Japon. Aux États-Unis, la pression des actionnaires n'empêche pas d'avoir une vision stratégique qui prend en compte la valorisation à moyen ou long terme de l'innovation.

Quoi qu'il en soit, une fois déterminée la liste des pays visés, l'inventeur doit effectuer les formalités de dépôt relatives à ces pays.

Quatre options s'offrent au déposant : la **voie nationale,** la **voie européenne,** la **voie internationale** ou la **voie mixte**.

### La voie nationale

Elle consiste à déposer une demande de brevet par pays choisi. Cette solution sera retenue lorsqu'un, deux, voire trois pays sont visés, par exemple l'Allemagne, l'Italie et le Canada.

## La voie européenne

Elle revient à déposer une demande de brevet européen devant l'Office Européen des Brevets (OEB). Cette solution sera préférée lorsque les pays ciblés sont membres de la Convention sur le Brevet Européen, laquelle ne recouvre pas les mêmes pays que l'Union européenne !

La Convention sur le Brevet Européen (CBE) est entrée en vigueur le 7 octobre 1977, dans sept pays : France, ex-République Fédérale d'Allemagne, Belgique, Luxembourg, Pays-Bas, Royaume-Uni, Suisse. Elle a depuis été étendue par étapes successives aux pays de l'Union européenne ainsi qu'à d'autres pays : Lichtenstein, Monaco, Roumanie, Turquie, Albanie, Croatie, ex-République yougoslave de Macédoine.

La voie européenne a connu un succès considérable, puisque **plus de un million de demandes de brevet européen** ont été déposées depuis le 1er janvier 1978, date de réception des premières demandes de brevet. Le déposant d'une demande de brevet européen est amené à faire le **choix des pays** dans lesquels il souhaite obtenir en définitive un brevet, parmi les pays signataires de la Convention sur le Brevet Européen (CBE). Déposer une demande de brevet européen revient à bénéficier d'une procédure centralisée de dépôt devant l'Office Européen des Brevets (OEB). Cette procédure de dépôt est suivie d'un examen de brevetabilité. Si l'invention est jugée brevetable, l'examen aboutit à la délivrance d'un « simili clone », le **brevet européen**.

Mais celui-ci est ensuite **confirmé en brevet national** dans chacun des pays choisis et dans lesquels le déposant souhaite au final obtenir un brevet. Il est donc possible, à l'origine, d'opter pour tous les pays du brevet européen pour n'en retenir que quelques-uns lors de la phase de confirmation nationale, qui intervient environ quatre ans après le dépôt d'origine. En conclusion, le brevet européen est un être juridique qui prend naissance à la date de dépôt de la demande et se métamorphose après la délivrance en brevets nationaux. Il ne s'agit donc nullement d'un brevet unique valable dans tous les pays de l'Union européenne. Un tel brevet unique est encore à l'étude : c'est le **projet de brevet communautaire**.

## La voie internationale

Elle constitue une alternative aux deux précédentes, notamment lorsque l'inventeur retient des pays non européens tels les États-Unis, l'Australie, la Chine ou le Japon. À ce jour, environ 120 États sont contractants du Traité de Coopération en matière de

Brevets – en anglais *Patent Cooperation Treaty (PCT)* – qui permet d'effectuer le dépôt d'une **demande internationale de brevet**, qui n'est cependant pas une demande de brevet « mondial unifié ».

Le PCT est une « coquille juridique » permettant aux déposants de disposer de délais supplémentaires avant d'engager les dépôts correspondants aux voies nationale ou européenne. Il rencontre également un succès considérable, le nombre de demandes PCT déposées annuellement étant passé d'environ dix mille en 1988 à largement plus de cent mille actuellement.

**La voie mixte**

C'est un panachage des voies précédemment résumées, à mettre en œuvre dans des cas particulièrement complexes, ou s'il y a urgence à obtenir un brevet sur un territoire précis.

Comment s'orienter parmi toutes les voies possibles ? Il faut reconnaître que la plus grande confusion règne en ce domaine. Des législations nationales rendant difficile et coûteuse toute tentative de protection côtoient des dispositions très libérales facilitant les opérations de dépôt en Europe. Obtenir un brevet à Taiwan, au Japon ou en Argentine est sans contexte plus difficile qu'en Europe, pour un déposant français.

Il est indéniable que les dispositions de Propriété Industrielle (PI) en vigueur en Europe facilitent aussi l'entrée massive d'inventions en provenance des autres pays, puisque les déposants étrangers jouissent des mêmes droits que les déposants européens. Par contre, nous avons signalé précédemment que **les déposants français n'ont pas accès sur les autres continents à un brevet régional équivalent au brevet européen**, ce qui introduit une distorsion dans les règles de concurrence, au bénéfice des entreprises étrangères. Certains considèrent que cette distorsion a pour conséquence de freiner le développement des entreprises locales, ou de faciliter celui des entreprises étrangères. Ne serait-il pas envisageable de demander aux agents qui négocient les accords internationaux d'**obtenir une parité ou une équivalence de traitement entre toutes les entreprises** ?

Mais, au-delà de ces considérations de bon sens, l'objet de ce chapitre n'est pas de détailler les procédures permettant à un déposant français d'obtenir des brevets étrangers ; en effet, ces procédures sont nombreuses, complexes et souvent modifiées sous l'action conjuguée des lobbies, des Offices de Propriété Industrielle, des gouvernements ou des agents des organismes internationaux.

Avant toute décision de dépôt d'une demande de brevet à l'étranger, c'est-à-dire dans le délai maximum d'un an après la date de dépôt en France pour bénéficier du Droit de Priorité (DP), un inventeur avisé saura s'entourer de conseils et écoutera les expériences de ses homologues, à la fois au plan technique et au plan économique, en ayant à l'esprit qu'une perspective de 5 à 10 ans est souhaitable, dans l'intérêt de son entreprise et de la collectivité nationale.

Le chapitre suivant abordera la question de l'interaction entre les dépôts effectués dans chaque pays par des déposants nationaux ou par des résidents étrangers.

Chapitre 8

# Demandes de brevet et brevets autochtones et allochtones

*Une personne qui n'a jamais commis d'erreurs*
*n'a jamais tenté d'innover.*
ALBERT EINSTEIN

Quelles sont en pratique les conséquences du clonage de l'invention ? Comment distingue-t-on les demandes de brevet ou les brevets, selon leur pays d'origine ? Peut-on comparer des titres de Propriété Industrielle (PI) ? Voilà quelques questions qui font l'objet d'un bref survol dans ce chapitre et auxquelles nous proposons d'apporter des éléments de réponse.

## 1 Comment faire la distinction entre autochtone et allochtone ?

Le clonage de l'invention permet à un déposant de reproduire la demande de brevet déposée en France et de constituer une famille de demandes de brevet à l'étranger. L'inventeur français dispose ainsi d'un ensemble homogène de demandes de brevet, puis plus tard de brevets relatifs à une même invention. Cette famille est constituée du brevet d'origine française et des brevets correspondants demandés et obtenus dans les autres pays.

Réciproquement un inventeur étranger, ayant par exemple déposé une demande de brevet aux États-Unis, bénéficie en France des mêmes droits qu'un inventeur français aux États-Unis en ce qui concerne le clonage de son invention. Il a la faculté, en usant du Droit de Priorité (DP), de déposer en France une demande de brevet correspondant à la demande de brevet d'origine américaine.

C'est ainsi que l'on trouve en France une mosaïque de demandes de brevet et de brevets, composée de titres d'origine française et d'origine étrangère. Il en est de même à l'étranger. Une demande de brevet **déposée en France et d'origine française** est désignée par l'adjectif **autochtone** ou **domestique**. Par analogie, une demande de brevet **déposée en France et d'origine étrangère** est désignée par l'adjectif **allochtone**.

On emploie ces mêmes qualificatifs pour les brevets délivrés que pour les demandes de brevet : il y a donc coexistence en France, comme dans les autres pays, de demandes de brevet et de brevets autochtones et allochtones.

Chaque jour, naissent en France des demandes de brevet d'origine française et d'autres d'origine étrangère. Chaque jour, sont délivrés en France des brevets d'origine française et d'autres d'origine étrangère.

Cet essai ayant pour objet d'analyser le lien existant en France entre innovation et économie, il est proposé de **répertorier par année le nombre de demandes de titres de Propriété Industrielle (PI) autochtones**, c'est-à-dire les demandes de brevet, de certificat d'utilité et de certificat complémentaire de protection (CCP) déposées en France par des résidents français. Une telle suggestion est motivée principalement par les différences existant entre les diverses législations nationales, comme nous l'avons exposé précédemment. Mais cette restriction aux demandes d'origine nationale ne risque-t-elle pas de méconnaître l'effet en France des brevets obtenus à l'étranger par ses inventeurs ?

## 2 Comment appréhender l'effet économique national d'un brevet obtenu à l'étranger ?

Les demandes de brevet et les brevets **allochtones** sont susceptibles de contribuer à la croissance économique du pays d'origine, lorsque les revenus résultant de l'exploitation d'une invention retournent dans ce pays d'origine, par le jeu comptable des filiales ou des licences. Un débat peut être avantageusement mené sur ce sujet complexe.

L'exploitation d'une invention à l'étranger n'implique parfois que des revenus de licence, revenus qui remontent à la source vers le pays de la demande de brevet ; le brevet obtenu à l'étranger sur la base d'un brevet d'origine française produit des revenus de licence qui sont rapatriés en France, revenus qui sont comptabilisés dans le Produit Intérieur Brut (PIB) français. Le licencié étranger, pour sa part, est également à la source d'une activité économique, laquelle provient de son travail, suite à l'autorisation qu'il a obtenue, en tant que licencié, d'exploiter localement l'invention. Son développement économique propre vient alimenter le Produit Intérieur Brut (PIB) de son pays. Autrement dit, l'impact d'un brevet d'origine française obtenu à l'étranger et exploité par un licencié local est double : accroissement de revenu en France, activité économique à l'étranger.

Cependant, lorsque l'exploitation d'une invention à l'étranger s'effectue aussi avec des équipes techniques et commerciales françaises, parfois avec des moyens de production situés en France, le licencié éventuel voit son rôle réduit à celui d'un distributeur. Dans cette hypothèse, le déposant français, en développant sa production localement, génère une activité économique additionnelle, qui profite aussi à ses sous-traitants et qui vient compléter le Produit Intérieur Brut (PIB) national.

Dans d'autres cas, une invention d'origine française, ayant fait l'objet d'un dépôt de demande de brevet **autochtone** et qui a été clonée dans certains pays, est fabriquée partiellement ou totalement à l'étranger. C'est parfois l'une des conditions imposées par les gouvernements étrangers pour autoriser une entreprise étrangère à s'implanter dans leur pays. Selon la forme juridique et les participations de chaque partenaire au capital, les revenus d'établissements ou de filiales remontent en tout ou partie vers la France.

Il peut donc être difficile de mesurer avec la plus parfaite précision les bénéfices d'une innovation pour le pays d'origine et pour les pays étrangers, selon les circonstances de son exploitation. Des effets multiples et croisés peuvent intervenir.

Il serait par conséquent intéressant de compléter ultérieurement cet essai :

- en comparant d'une part les statistiques relatives à la totalité des demandes de brevet (autochtones et allochtones) avec les données du PIB ;

- en comparant d'autre part les statistiques relatives aux familles de brevets d'origine française, si ces statistiques sont disponibles, avec les données du PIB;
- en effectuant enfin de semblables travaux pays par pays, ainsi qu'en opérant des regroupements trans-nationaux (Europe, Amérique du Nord, Asie-Pacifique, etc.).

Poursuivons notre voyage dans le monde des brevets, pour chercher si d'autres informations pourraient être analysées, en complément de celles sur les demandes de brevets.

## 3 La délivrance des titres de Propriété Industrielle (PI)

Rappelons que si la demande de brevet est acceptée en France ou à l'étranger, la procédure de dépôt aboutit à l'accord du brevet, que l'on désigne par le terme de **délivrance**. La délivrance d'un brevet français résulte de plusieurs dispositifs, selon la voie choisie par le déposant à l'origine.

En France, pour ce qui concerne les demandes de brevet, les demandes de certificat d'utilité ou de certificat complémentaire de protection, qu'elles soient autochtones ou allochtones, la procédure se déroule devant l'INPI depuis le jour du dépôt; certaines demandes peuvent néanmoins faire l'objet d'un dépôt direct auprès de l'Office Européen des Brevets (OEB) ou en tant que demandes internationales de brevet (PCT).

Les demandes de brevet français sont étudiées par l'INPI qui décide de la délivrance du titre, que le déposant soit français ou étranger.

En ce qui concerne les demandes de brevet européen ou celles issues d'une demande internationale, la procédure est de la responsabilité de l'Office Européen des Brevets (OEB), aussi bien pour les déposants français que pour les déposants étrangers. La délivrance d'un brevet européen entraîne notamment une formalité de confirmation en France, avec le dépôt d'une traduction en français du brevet.

Un déposant français peut donc cloner son invention et déposer une demande de brevet européen visant la France. Cette procédure aura pour conséquence, une fois le brevet européen accordé, la présence en France du brevet français de base et du brevet européen correspondant. Cependant, si ce brevet européen a exactement la même portée que le brevet national, c'est-à-dire si ses revendications sont identiques à celles du brevet national, le brevet européen verra ses effets disparaître en France au moment même où il y prend naissance. En revanche, si la portée du brevet européen est différente de celle du brevet national, les deux titres coexisteront sur le territoire français.

La **délivrance** des brevets intervient quelques années après le dépôt des demandes, mais le délai entre la date de dépôt et la date de délivrance ou de confirmation est variable, en fonction de la durée de la procédure. À cela s'ajoutent, en cas d'action en justice devant les tribunaux français, ou en cas d'opposition, d'appel ou de recours devant l'Office Européen des Brevets (OEB), diverses dispositions pouvant conduire à la délivrance de titres modifiés. Par conséquent, si l'on considère par exemple l'année civile 2005, sont délivrés des brevets qui ont fait l'objet de demandes de brevet déposées au cours de plusieurs années antérieures, par des voies diverses. La « génération » – on parle parfois de cohorte – des brevets délivrés ou confirmés en France en 2005 comporte des brevets relatifs à des demandes de brevet déposées par exemple entre 1995 et 2002. Il en est de même pour chaque génération annuelle de titres.

Il pourrait donc être utile de poursuivre cette recherche en évaluant l'incidence sur l'économie des titres délivrés annuellement, en prenant en compte les années de dépôts des demandes correspondantes.

## 4 Les titres en « vigueur »

Une demande de brevet français ou un brevet français, issu d'une demande d'origine française ou européenne, est « **en vigueur** » lorsque l'annuité a été dûment acquittée. Il en est de même pour les certificats d'utilité (CU) ou les certificats complémentaires de protection (CCP). La taxe annuelle augmente à mesure que le titre vieillit : elle varie de quelques dizaines d'euros pour une demande de brevet à quelques centaines d'euros pour un brevet mature ou un certificat complémentaire de protection (CCP). L'augmentation de la taxe officielle correspond à l'intérêt croissant d'une invention lorsque son déposant l'exploite durablement.

Compte tenu de la durée maximum des divers titres, qui est de 6 ans (pour un certificat d'utilité), de 20 ans (pour un brevet) ou de 25 ans (pour un certificat complémentaire de protection), nous constatons donc qu'il y a coexistence à un moment donné de titres en vigueur et ayant pris naissance antérieurement.

Il pourrait être intéressant de compléter cet essai en évaluant l'incidence sur l'économie du total des titres en vigueur annuellement, en tenant compte des années de dépôts des demandes correspondantes.

## 5 Peut-on comparer entre eux des titres de Propriété Industrielle (PI) ?

Si nous en revenons maintenant à l'analyse proposée des demandes de brevet d'origine française, toutes voies de dépôt confondues, nous nous demandons s'il est véritablement cohérent de comparer entre eux des titres aussi différents par exemple qu'un brevet concernant l'invention du transistor et un autre décrivant la fabrication d'une brique de maçonnerie ?

Peut-on mettre sur un même plan un brevet portant sur une invention de cardan et un brevet relatif à un médicament contre la variole ou un brevet concernant les Technologies de l'Information et des Communications (TIC) ?

Des demandes de brevet d'invention sont déposées en France et ne donnent lieu à aucune demande correspondante à l'étranger, tandis que d'autres font l'objet de séries de demandes dans de nombreux pays. Certaines inventions nécessitent des dizaines de millions d'euros de Recherche & Développement, alors que d'autres sont révélées à leur concepteur sans qu'un centime ait été dépensé. Le nombre de demandes de brevet français d'origine française déposées au cours d'une année est-il une information exploitable ? Est-il raisonnable de comptabiliser une par une les demandes de brevet ? Le nombre de pages ou encore le nombre de revendications d'une demande de brevet ne constituent-ils pas des données plus significatives ? D'innombrables questions relatives aux points évoqués précédemment demandent réflexion. Cependant, et à défaut de disposer d'autres données sur les demandes de brevet (par exemple l'apport de chaque invention au développement économique du déposant), force est de travailler sur des agrégats et de faire l'hypothèse réductrice « qu'en moyenne » un titre de Propriété Industrielle (PI) est équivalent à un autre. C'est d'ailleurs ainsi que travaillent les experts et les économistes, lorsqu'ils sont amenés à exploiter des données statistiques, dans tous les domaines : nombre d'étudiants à l'université, taille des entreprises, nombre de publications scientifiques, etc.

Par conséquent, lorsque l'on cherche à évaluer la contribution des inventions techniques au PIB, l'hypothèse retenue revient au postulat, il est vrai réducteur, que toutes les inventions ont un poids économique similaire. Une telle hypothèse est manifestement difficile à accepter, lorsque l'on se réfère aux quelques exemples mentionnés. Mais si l'on se souvient des statistiques sur l'allongement de la durée de la vie, citées au début de cet essai, on conçoit qu'une moyenne n'est jamais la situation précise d'un individu. Il en est de même pour les titres de Propriété Industrielle (PI) : **les 13 517 demandes de brevet français d'origine française déposées en 2003 connaîtront chacune un sort différent**. Mais leur ensemble, leur masse, constitue le cumul de l'innovation ayant fait l'objet d'un dépôt cette année-là.

Et puisque nous essayons de raisonner sur des grands nombres, de l'ordre de plus de dix mille unités pour la France et bien davantage dans d'autres pays, la loi de la moyenne statistique s'impose à la Propriété Industrielle (PI) comme à l'étude de la durée de la vie.

Il convient de remarquer que rares sont les inventions majeures, dite « de rupture » ou encore « radicales », qui entraînent de grands bouleversements (par exemple le transistor) et rares aussi sont les inventions mineures ou secondaires. La plupart des innovations concernent des améliorations, des perfectionnements, des inventions qualifiées parfois d'« incrémentales », des adaptations, des transpositions, qui ajoutent un pas inventif à un autre. Des experts ont tenté et tentent de mesurer la « valeur » des brevets, en tenant compte de l'objet inventif, du secteur économique, et élaborent des critères de « hauteur, largeur et profondeur » des inventions ; espérons que leurs travaux conduiront à des résultats permettant d'approfondir les connaissances dans ce domaine, et notamment sur l'impact économique de la Propriété Industrielle (PI), mais, à défaut de disposer de tels outils, il nous faut avancer et utiliser les données disponibles.

Par ailleurs, si l'innovation n'est pas un phénomène régulier ni continu ni planifiable, et si elle ne se décrète pas, il est raisonnable de fixer des objectifs associant les moyens mis à la disposition de la recherche et le nombre escompté d'innovations brevetables qui traduit le résultat de cette recherche. Les inventions apparaissent souvent parce que des entreprises, des centres de recherche, des hommes et des femmes ont jugé utile d'investir du temps et des ressources dans un domaine particulier, parce que la concurrence incite les entreprises d'un secteur donné à chercher dans une direction particulière, et parce que c'est la volonté politique d'une entreprise ou d'une nation de rester en tête dans son domaine.

Enfin, la relative régularité des chiffres disponibles en ce qui concerne les demandes de brevet, ainsi que la tendance de leur évolution, militent également en faveur de l'hypothèse retenue d'accepter de travailler sur des valeurs moyennes. En conclusion, la collecte et l'analyse des données de demandes de brevet autochtones paraissent constituer une piste d'étude, qui fera l'objet des chapitres suivants.

Chapitre 9

# Le Produit Intérieur Brut (PIB) et la croissance

*L'appât du gain ne représentera jamais*
*la motivation principale du chercheur.*
Pierre Joliot

Le progrès économique a sa représentation reine, la croissance. Attendue par tous, elle est le symbole de jours meilleurs : les politiques comptent sur elle pour régler les problèmes du pays et les dispenser de mettre en place des réformes douloureuses; les entreprises, rassurées par sa présence, investissent, les catégories sectorielles se mobilisent pour en recueillir les fruits, bref quand la croissance est là tout va.

Comme bien des concepts utilisés quotidiennement, tout le monde a une perception plus ou moins intuitive de la croissance, sans en avoir une véritable connaissance.

Mais pour chacun d'entre nous, à l'exception de certains experts du café du Commerce, il est impossible de sentir directement sa présence, son absence ou encore son retour tant promis. La croissance est d'une essence supérieure avec laquelle seuls quelques grands prêtres, les comptables nationaux, entrent en communion. Même les politiques sont relégués au rang de simples mortels.

Mais qu'est-ce que la croissance, au sens économique du terme ?

La croissance est l'**évolution du Produit Intérieur Brut (PIB) sur une période donnée**. L'évolution et non pas l'augmentation, car la croissance peut être négative (en économie on ne parle pas de décroissance).

Cette définition en appelle donc une autre, celle du **Produit Intérieur Brut (PIB)**.

## 1 Définition et composition du Produit Intérieur Brut (PIB)

Le Produit Intérieur Brut (PIB) **mesure la richesse produite dans un pays pendant une année**.

Pour calculer cette richesse, on va représenter l'économie nationale comme un système productif dont les sujets sont les branches : textiles, automobiles, transports, etc. Puis on va mesurer quelles quantités de biens et services produit chaque branche, les **ressources**, et quelles utilisations en sont faites par les autres branches, les **emplois**.

Les ressources d'une branche sont d'une part sa propre production **P**, d'autre part ses importations **IM**. En ce qui concerne les emplois, c'est plus compliqué. Les biens et services produits par une branche pourront soit être utilisés pour la fabrication de biens et services d'autres branches, sous forme d'outils (la chaîne de montage) ou être incorporés dans la composition d'un autre produit (l'acier, le plastique) ou encore être directement consommés (l'automobile). Une partie de la production pourra être exportée et pour être complet, il faut prendre en compte la partie de la production qui n'est pas utilisée et qui est donc stockée.

Les symboles et définitions utilisés par la Comptabilité nationale pour ces différents emplois sont les suivants :

• la formation brute de capital fixe **FBCF** (par exemple les machines) : c'est le flux total d'investissements, y compris le remplacement des outils usés ou obsolètes; si l'on soustrait ces remplacements pour usure physique ou obsolescence, on obtient la formation nette de capital fixe **FNCF**;

• la consommation intermédiaire **CI** (par exemple la farine) : c'est la valeur du produit incorporé dans des produits plus élaborés ou détruit lors du processus de fabrication;

• la dépense de consommation finale **DC**, individuelle ou collective : un bien durable (par exemple un réfrigérateur) est considéré comme consommé et non pas stocké;

• les exportations **EX** : c'est le flux entre résidants et non-résidants : l'achat d'un bien ou d'un service par un touriste étranger en visite en France est une exportation;

• la variation des stocks **VS** : c'est la différence entre les entrées et les sorties de stocks des produits.

Pour chaque branche, il y a **par définition égalité entre la totalité des ressources**, ce qu'elle produit, et la **totalité des emplois**, l'utilisation qui en est faite par les autres branches; on peut donc écrire l'égalité (1) suivante :

$$P + IM = CI + DC + FBCF + EX + VS \quad (1)$$

Pour mesurer la production globale d'un pays, il faudrait *a priori* additionner la production de toutes les branches. Mais on commettrait alors une erreur importante, puisqu'une branche (l'automobile) peut utiliser une partie de la production d'une autre branche comme consommation intermédiaire (le plastique de la branche pétrochimie) ou comme FBCF (les presses de la branche machine-outil). Une simple addition entraînerait un nombre considérable de doubles emplois.

Afin d'éviter ces doubles emplois et pour effectuer une mesure de la production nationale la plus proche possible de la réalité, on a recours à la notion de **valeur ajoutée**. L'idée est simple : une branche achète un certain nombre de biens et services à d'autres branches pour sa propre fabrication de produits. La différence entre le montant de ses achats et le montant de la vente de ses produits constitue la valeur ajoutée **(VA)**.

Un petit exemple pour illustrer cette notion de valeur ajoutée.

Un agriculteur va créer une première valeur ajoutée **VA1** en produisant du blé : valeur ajoutée obtenue en déduisant du prix de la vente du blé **P1** le prix des achats de semences, d'engrais, d'insecticides, etc. Le meunier va créer une seconde valeur ajoutée **VA2** en faisant de même entre le prix de vente de sa farine **P2** et le prix d'achat du blé. Le boulanger industriel également en créant une valeur ajoutée **VA3** entre le prix de vente du pain de mie **P3** et le prix d'achat de la farine. Enfin, le fabriquant de sandwichs va dégager une valeur ajoutée **VA4** entre le prix de vente du sandwich **P4** et le prix d'achat du pain de mie.

Si l'on additionne la production de ces quatre producteurs **P1** + **P2** + **P3** + **P4**, on comptabilise quatre fois le prix du blé, trois fois le prix de la farine et deux fois le prix du pain.

En adoptant la notion de valeur ajoutée **VA**, on élimine les consommations intermédiaires et l'égalité (1) devient l'égalité (2) suivante :

(2) VA + IM = DC + FBCF + VS + EX

En regroupant les termes IM et EX, on obtient l'égalité (3) suivante :

(3) VA = DC + FBCF + VS + EX – IM

**La somme des valeurs ajoutées VA de toutes les branches donne le Produit Intérieur Brut (PIB)**. Si l'on reprend le deuxième terme de l'égalité, le Produit Intérieur Brut (PIB) est la somme des dépenses de consommation et des dépenses d'investissement, augmentée ou diminuée de la variation des stocks et augmentée ou diminuée du solde du commerce extérieur.

## 2 Le Produit Intérieur Brut (PIB) donne-t-il une idée précise de la richesse produite ?

Le Produit Intérieur Brut (PIB) additionne « des choux et des navets » et, pour cela, il choisit une unité commune, le **prix de marché**.

Pour le secteur marchand, le résultat est satisfaisant à quelques détails près : évaluation des stocks par exemple. Par contre, pour la « production » des administrations (Défense, Police, Éducation), il n'y a pas d'échange marchand, donc pas de prix de marché et la moins mauvaise solution est de prendre en compte les coûts de production : salaires des fonctionnaires, loyers des locaux, etc. Enfin, reste la production pour sa propre consommation : le Produit Intérieur Brut (PIB) n'intègre pas le « potager et les travaux dans la maison » mais prend en compte le loyer que les propriétaires de leur logement auraient payé s'ils en avaient été locataires.

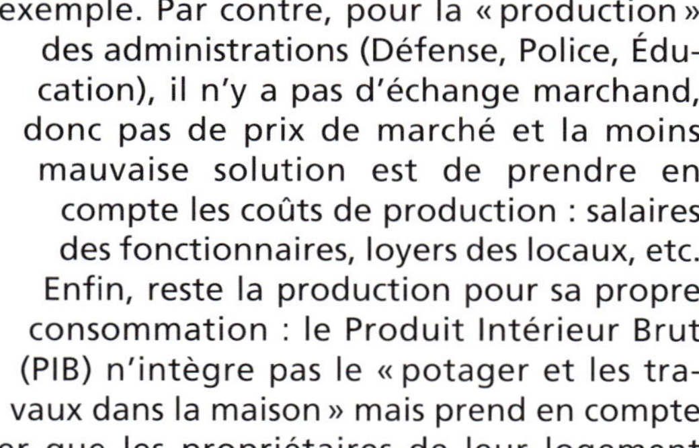

Pour être précis, le calcul du Produit Intérieur Brut (PIB) prend en compte l'inflation en calculant un indice des prix dont la composition est parfois contestée. Depuis l'année 1999, **les comptes nationaux sont publiés en France par rapport à l'année de base 1995**.

Par ailleurs, la qualité des données utilisées pour le calcul du Produit Intérieur Brut (PIB) n'est pas totalement satisfaisante. Pour pouvoir mesurer la production de toutes les branches, il faudrait que toutes les sources disponibles produisent des données cohérentes entre elles, ce qui n'est pas le cas : comptes des sociétés, données fournies par les administrations, enquêtes statistiques, etc. On va donc avoir recours à des arbitrages et à des approximations.

De plus, il est impossible de recueillir l'ensemble de ces données chaque année, aussi ce travail de recensement ne se fait que pour certaines années; pour les années intermédiaires, on essaie d'estimer les évolutions d'une année sur l'autre.

Enfin, certaines données sont difficilement quantifiables comme l'économie souterraine (le travail au noir).

En conclusion, pour calculer le Produit Intérieur Brut (PIB), on a recours à certaines conventions (production des administrations) et à des approximations sur les données exploitables; mais le PIB est un **bon indicateur de l'évolution de la richesse nationale**, car la méthode de calcul reste **invariante d'une année sur l'autre à des nuances près**. Certains souhaiteraient que l'on introduise des données non directement quantifiables comme l'environnement, le temps de loisir et que l'on retire certaines dépenses comme celles liées à la défense ou à la sécurité.

Depuis la Seconde Guerre mondiale, les pays industrialisés ont cherché à développer un système de comptabilité nationale qui puisse quantifier les résultats de l'économie; ce travail a été confié en France à l'Institut National des Statistiques et des Études Économiques (INSEE).

Pour pouvoir effectuer des comparaisons d'un pays à l'autre, les organisations internationales, l'ONU et l'Europe ont mis en place des systèmes comptables qui sont progressivement harmonisés, puis adoptés par l'administration de chaque pays; le chapitre suivant est consacré à la collecte des données du PIB, de Recherche & Développement (R&D) et de Propriété Industrielle (PI).

Chapitre 10

# Collecte et mise en forme des données

*L'inventeur ne connaît pas la prudence*
*ni sa sœur cadette, la lenteur.*
*Il bondit, il va d'un saut sur le domaine vierge et,*
*de ce fait, il le conquiert.*
CHARLES NICOLLE

## 1 Les données de Propriété Industrielle (PI)

Rappelons que nous avons retenu comme critère d'analyse le nombre de demandes de brevet, y compris les demandes de certificat d'utilité. Or, il existe en France d'autres titres de Propriété Industrielle (PI). Ce sont :

– d'une part les certificats complémentaires de protection (CCP) rattachés à un brevet déjà déposé et ayant pour objet un médicament ou un produit phytosanitaire; le brevet d'origine étant déjà comptabilisé dans nos critères, ajouter le CCP correspondant à nos statistiques ferait double emploi;

– d'autre part les certificats d'obtentions végétales (COV), qui sortent du cadre strictement technique de cet essai et qui ne seront donc pas retenus; le nombre des COV déposés par des résidents français est d'ailleurs relativement peu élevé, ce qui n'enlève rien à leur pertinence ou à leur qualité (notre étude statistique pourrait être complétée à l'avenir en incluant les COV, à condition de disposer du nombre de dépôts d'origine nationale sur une période suffisamment longue).

L'objet de ce chapitre est donc de recueillir puis de mettre en forme les données disponibles relatives aux demandes de brevet et de certificat d'utilité autochtones, déposées par les **voies nationale, européenne ou internationale**.

Ce travail a été mené à bien par Jean-Paul Kédinger, d'avril à juin 2004. En ce qui concerne les données de Propriété Industrielle (PI) relatives aux demandes de brevet, les documents et publications de l'Institut National de la Propriété Industrielle (INPI), de l'Office Européen des Brevets (OEB) et de l'Organisation Mondiale de la Propriété Intellectuelle (OMPI) ont été consultés, notamment mais pas seulement au moyen du réseau Internet; des agents de ces organismes, dûment sollicités, ont contribué avec bonne grâce et efficacité à cette collecte. Les sources Internet utilisées ont été les suivantes :

- www.inpi.fr,
- www.european-patent-office.org/epo/facts_figures/index,
- www.wipo.int/ipstats/fr/publications/index,
- http://cisad.adc.education.fr/reperes/public/publicat/res/res01/default.htm,
- www.insee.fr/fr/indicateur/cnat_annu/Series,
- http://www.up.univ-mrs.fr/veronis/cours/INFZ16/index,
- http://www.up.univ-mrs.fr/veronis/cours/INFZ16/ch6.html,
- www.upov.int.

**La voie nationale (demandes de brevet français d'origine française, demandes de certificat d'utilité comprises)**

Les statistiques brevets disponibles sur le site Internet de l'INPI, ou dans le *Bulletin Officiel de la Propriété Industrielle (BOPI)* présentent des données qui s'étendent jusqu'à l'année 2003. Mais les sources et les méthodes statistiques ayant été modifiées à partir de l'année 2001, certaines informations anciennes ne sont plus disponibles (demandes de certificat d'addition antérieures à 1988). Ainsi, afin de disposer de données présentant une meilleure cohérence, la période retenue dans le cadre de cet essai s'étend de l'année 1988 à l'année 2003.

L'unité utilisée correspond au nombre de demandes de brevet déposées : une demande de brevet vaut 1, deux demandes de brevet valent 2, *et cetera*, et le nombre annuel relevé correspond au total des demandes de brevet déposées au cours de l'année civile considérée. Par convention, le nombre annuel des « demandes de brevet français d'origine française, demandes de certificat d'utilité comprises », sera appelé **DDE1**, et sera considéré comme une **première variable** d'analyse.

**DDE1 = nombre annuel de demandes de brevet français d'origine française, demandes de certificat d'utilité comprises**

Pour la période considérée, les données sont les suivantes.

| France | 1988 | 1989 | 1990 | 1991 | 1992 | 1993 | 1994 | 1995 | 1996 | 1997 | 1998 | 1999 | 2000 | 2001 | 2002 | 2003 |
|---|---|---|---|---|---|---|---|---|---|---|---|---|---|---|---|---|
| DDE1 | 12437 | 12592 | 12378 | 12597 | 12539 | 12638 | 12514 | 12419 | 12916 | 13252 | 13251 | 13592 | 13870 | 13504 | 13559 | 13517 |

On constate que la variable DDE1 prend une valeur comprise entre 12000 et 14000.

**La voie européenne ou la voie internationale (demandes de brevet européen et demandes internationales)**

L'INPI n'effectue pas de relevé statistique sur les demandes de brevet européen ou les demandes internationales, déposées par des résidents français, qui ne font que transiter par cet organisme ; notre quête s'est donc orientée vers l'OEB et vers l'OMPI.

Un déposant français est tenu au respect des dispositions concernant la Défense Nationale, mais il n'est pas obligé de déposer la demande de brevet de base sous la forme d'une demande de brevet français : il peut opter pour une demande de brevet européen ou pour une demande internationale. Cependant, afin d'éviter de comptabiliser deux fois une demande de brevet européen ou internationale portant sur une invention unique, il convient de sélectionner une catégorie spécifique parmi ces catégories de demandes de brevet.

**La voie européenne**

Il s'agit en premier lieu des « demandes de brevet européen, déposées par des résidents français auprès de l'INPI, désignant la France et ne revendiquant pas la priorité d'une demande de brevet français ».

Cette définition quelque peu complexe, notamment la non-revendication de priorité, permet de comptabiliser les demandes de brevet européen qui ne font pas double emploi avec des demandes de brevet français. Par convention, le nombre annuel de ce type de demandes de brevet sera appelé **OEB**.

**OEB = nombre annuel de demandes de brevet européen, déposées par des résidents français auprès de l'INPI, désignant la France et ne revendiquant pas la priorité d'une demande de brevet français**

Pour la période considérée, les données sont les suivantes.

| France | 1988 | 1989 | 1990 | 1991 | 1992 | 1993 | 1994 | 1995 | 1996 | 1997 | 1998 | 1999 | 2000 | 2001 | 2002 | 2003 |
|---|---|---|---|---|---|---|---|---|---|---|---|---|---|---|---|---|
| OEB | 145 | 197 | 178 | 189 | 236 | 155 | 136 | 149 | 221 | 221 | 659 | 743 | 745 | 861 | 926 | 1013 |

On constate une augmentation du nombre de ces demandes, en particulier au cours de la période récente. Par convention, la **seconde variable** d'analyse appelée **DDE2** est la somme de DDE1 et de OEB.

**DDE2 = DDE1 + OEB**

Pour la période considérée, les données sont les suivantes.

| France | 1988 | 1989 | 1990 | 1991 | 1992 | 1993 | 1994 | 1995 | 1996 | 1997 | 1998 | 1999 | 2000 | 2001 | 2002 | 2003 |
|---|---|---|---|---|---|---|---|---|---|---|---|---|---|---|---|---|
| DDE1 | 12437 | 12592 | 12378 | 12597 | 12539 | 12638 | 12514 | 12419 | 12916 | 13252 | 13251 | 13592 | 13870 | 13504 | 13559 | 13517 |
| OEB | 145 | 197 | 178 | 189 | 236 | 155 | 136 | 149 | 221 | 473 | 659 | 743 | 745 | 861 | 926 | 1013 |
| DDE2 | 12582 | 12789 | 12556 | 12786 | 12775 | 12793 | 12650 | 12568 | 13137 | 13725 | 13910 | 14335 | 14615 | 14365 | 14485 | 14530 |

On constate que la variable DDE2 prend une valeur comprise entre 12000 et 15000.

**La voie internationale**

Il s'agit enfin des « demandes internationales, déposées par des résidents français auprès de l'INPI, désignant la France et ne revendiquant pas la priorité d'une demande de brevet français ».

Cette définition également quelque peu complexe, pour les mêmes motifs de non-revendication de priorité, permet de comptabiliser les demandes internationales de brevet qui ne font pas double emploi avec les précédentes, qu'elles soient françaises ou européennes. Par convention, le nombre annuel de ce type de demandes de brevet sera appelé **PCT**. Pour compliquer davantage notre quête, les données disponibles comportent deux séries de chiffres qui ne sont pas parfaitement homogènes.

En ce qui concerne la période qui s'étend de 1989 (et non 1988 comme précédemment) à 2003, nous disposons de données sans condition de désignation, ce qui implique qu'il peut exister parmi les demandes considérées un certain nombre de demandes de brevet qui ne désignent pas la France. Par convention, ces données seront appelées **PCTA**.

En ce qui concerne la période qui s'étend de 1998 à 2003, nous disposons de données incluant la condition de désignation de la France, qui sont précisément celles dont nous avons besoin sur la période entière. Par convention, nous choisissons d'appeler ces données **PCTB**.

Puis nous fabriquons la **donnée composite PCT**, qui comprend les données PCTA de 1989 à 1997 et les données PCTB de 1998 à 2003.

Pour la période considérée, les données PCTA, PCTB et PCT sont les suivantes.

| France | 1988 | 1989 | 1990 | 1991 | 1992 | 1993 | 1994 | 1995 | 1996 | 1997 | 1998 | 1999 | 2000 | 2001 | 2002 | 2003 |
|---|---|---|---|---|---|---|---|---|---|---|---|---|---|---|---|---|
| PCTA | | 33 | 65 | 86 | 69 | 85 | 85 | 114 | 120 | 97 | 137 | 130 | 140 | 151 | 199 | 177 |
| PCTB | | | | | | | | | | | 126 | 121 | 131 | 141 | 192 | 168 |
| PCT | | 33 | 65 | 86 | 69 | 85 | 85 | 114 | 120 | 97 | 126 | 121 | 131 | 141 | 192 | 168 |

On constate une croissance régulière, pour une valeur comprise entre 30 et 200. Par convention, la **troisième variable** d'analyse appelée **DDE3** est la somme de DDE2 et de PCT.

**DDE3 = DDE2 + PCT**

**DDE3 représente la totalité des dépôts de demandes de brevet d'origine française, toutes voies de dépôt confondues.**

Pour la période considérée, qui ne débute qu'en 1989 pour se terminer en 2003, les données sont les suivantes.

| France | 1988 | 1989 | 1990 | 1991 | 1992 | 1993 | 1994 | 1995 | 1996 | 1997 | 1998 | 1999 | 2000 | 2001 | 2002 | 2003 |
|---|---|---|---|---|---|---|---|---|---|---|---|---|---|---|---|---|
| DDE2 | 12582 | 12789 | 12556 | 12786 | 12775 | 12793 | 12650 | 12568 | 13137 | 13725 | 13910 | 14335 | 14615 | 14365 | 14485 | 14530 |
| PCT | | 33 | 65 | 86 | 69 | 85 | 85 | 114 | 120 | 97 | 126 | 121 | 131 | 141 | 192 | 168 |
| DDE3 | | 12822 | 12621 | 12872 | 12844 | 12878 | 12735 | 12682 | 13257 | 13822 | 14036 | 14456 | 14746 | 14506 | 14677 | 14698 |

On constate que la variable DDE3 prend une valeur comprise entre 12500 et 15000.

En conclusion, les trois variables DDE1, DDE2 et DDE3 prennent les valeurs annuelles du tableau récapitulatif suivant.

| France | 1988 | 1989 | 1990 | 1991 | 1992 | 1993 | 1994 | 1995 | 1996 | 1997 | 1998 | 1999 | 2000 | 2001 | 2002 | 2003 |
|---|---|---|---|---|---|---|---|---|---|---|---|---|---|---|---|---|
| DDE1 | 12437 | 12592 | 12378 | 12597 | 12539 | 12638 | 12514 | 12419 | 12916 | 13252 | 13251 | 13592 | 13870 | 13504 | 13559 | 13517 |
| DDE2 | 12582 | 12789 | 12556 | 12786 | 12775 | 12793 | 12650 | 12568 | 13137 | 13725 | 13910 | 14335 | 14615 | 14365 | 14485 | 14530 |
| DDE3 | | 12822 | 12621 | 12872 | 12844 | 12878 | 12735 | 12682 | 13257 | 13822 | 14036 | 14456 | 14746 | 14506 | 14677 | 14698 |

## 2 Les données relatives aux montants investis en Recherche & Développement

Les Dépenses Intérieures de Recherche & Développement (DIRD) ont été prises en compte. Elles correspondent aux travaux de Recherche & Développement (R&D) exécutés sur le territoire national quelle que soit l'origine des fonds. Elles comprennent les dépenses courantes (la masse salariale des personnels et les dépenses de fonctionnement), les dépenses en capital (les achats d'équipements nécessaires à la réalisation des travaux internes à la R&D ainsi que les opérations immobilières réalisées dans l'année). Par convention, la **quatrième variable** d'analyse sera appelée **R&D**, qui représente en montant les dépenses de Recherche & Développement en euros constants, base 1995.

L'unité utilisée est le million d'euros, et les données fournies correspondent aux montants investis au cours de l'année civile considérée, suite à l'enquête réalisée depuis 1963 par le ministère en charge de la Recherche ; notons qu'il s'agit d'une enquête et non de chiffres exacts.

| France | 1988 | 1989 | 1990 | 1991 | 1992 | 1993 | 1994 | 1995 | 1996 | 1997 | 1998 | 1999 | 2000 | 2001 | 2002 | 2003 |
|---|---|---|---|---|---|---|---|---|---|---|---|---|---|---|---|---|
| R&D | NA | NA | NA | NA | 16134 | 16340 | 16551 | 16649 | 17131 | 17357 | 17632 | 18655 | 19348 | 20782 | NA | NA |

*NA : donnée non disponible.*

On constate que les données prennent une valeur comprise entre 16000 et 21000, en millions d'euros, unité monétaire employée dans le but de rendre les séries de données toutes homogènes à la dizaine de milliers (puisque les demandes de brevet prennent également une valeur homogène à la dizaine de milliers).

## 3 Les données relatives au Produit Intérieur Brut (PIB)

Le PIB est l'agrégat de la Comptabilité nationale le plus connu et le plus utilisé pour caractériser la situation économique d'un pays. Sa définition a fait l'objet d'un développement au chapitre précédent. Par convention, la **cinquième variable** d'analyse, qui représente en montant le Produit Intérieur Brut, en centaines de millions d'euros, base 1995, sera appelée **PIB**.

| France | 1988 | 1989 | 1990 | 1991 | 1992 | 1993 | 1994 | 1995 | 1996 | 1997 | 1998 | 1999 | 2000 | 2001 | 2002 | 2003 |
|---|---|---|---|---|---|---|---|---|---|---|---|---|---|---|---|---|
| PIB | 10488 | 10925 | 11210 | 11322 | 11491 | 11389 | 11624 | **11818** | 11949 | 12176 | 12591 | 12995 | 13488 | 13771 | 13934 | 13999 |

On constate que les données prennent une valeur comprise entre 10500 et 14000, en centaines de millions d'euros, unité monétaire employée dans le but de rendre les séries de données toutes homogènes à la dizaine de milliers.

Toutes les données R&D et PIB ont été rétablies sur la base de l'année 1995, année de référence dans les comptes nationaux, et sont donc présentées en euros constants, c'est-à-dire inflation déduite.

## 4 Le décalage temporel des données

La plupart des analyses ou des documents dont nous disposons comparent des chiffres d'une même année, sans tenir compte d'un éventuel différé d'impact. Or, les décisions que nous prenons, dans tous les domaines, n'ont de conséquence que sur l'avenir, tant que la machine à remonter le temps n'aura pas été inventée.

Par exemple, une décision d'investissement en Recherche & Développement prise l'année N peut donner lieu à une innovation l'année N + 1, innovation qui conduit à un dépôt de demande de brevet, puis à l'éventuelle délivrance d'un brevet l'année N + 3.

L'impact économique, si l'invention est mise en application avec succès, peut intervenir au cours de l'année N, mais le plus souvent il n'intervient que l'année N + 1 ou au-delà.

Ce différé d'impact est manifeste dans le domaine pharmaceutique, dans lequel les délais d'obtention des autorisations de mise sur le marché (AMM) accentuent le décalage temporel vers l'avenir. C'est d'ailleurs la raison pour laquelle la loi a introduit les certificats complémentaires de protection (CCP) pour les brevets portant sur les médicaments, permettant de prolonger en France et en Europe la durée des brevets, jusqu'à 5 ans au-delà du terme normal de 20 ans du brevet.

Il en résulte qu'il convient d'examiner la corrélation entre Recherche & Développement (R&D) et Produit Intérieur Brut (PIB) de l'année suivante ou des années suivantes.

De même, le nombre de demandes de brevet représenté par les variables DDE1, DDE2 ou DDE3 est à analyser en faisant « glisser » les données économiques vers l'avenir.

À l'inverse, une invention peut être mise en œuvre dès qu'est levée en France l'interdiction de divulgation, suite au dépôt de la demande de brevet. La délivrance n'intervenant que 3 ou 4 ans plus tard, alors que l'invention fait parfois déjà l'objet d'une commercialisation massive, il conviendrait par conséquent de comparer les chiffres du nombre de délivrances de brevets avec les résultats économiques d'une ou deux années précédant ces délivrances, en les faisant « glisser » vers le passé. Il en est de même en ce qui concerne les données des titres de Propriété Industrielle (PI) en vigueur année par année.

Les chapitres suivants sont consacrés à l'analyse des variables ainsi définies et à leur corrélation.

Chapitre 11

# Analyse statistique des variables prises individuellement

*Les innovations sont presque toujours le fait d'explorateurs individuels ou de petits groupes, et presque jamais celui de bureaucraties importantes et hautement structurées.*
HAROLD JACK LEAVITT

Ce chapitre traite, d'un strict point de vue mathématique, des relations de corrélation entre les variables définies précédemment, à savoir DDE1, DDE2, DDE3, R&D et PIB, dans les unités définies, en base 1995 et en euros constants pour les données économiques.

Il est basé sur le rapport de Siham Lyamoudi, qui a mené à bien ce travail au moyen des logiciels SPAD et Excel.

Lors de la phase ultérieure d'interprétation des résultats apparaissant dans les chapitres suivants, il ne sera pas oublié que « corrélation n'est pas synonyme de causalité », malgré le caractère surprenant de ces résultats.

## 1 La base de données retenue

DDE1, DDE2 et DDE3 correspondent à des données annuelles de dépôts de demandes de brevet autochtones, pour la France.

R&D représente les montants annuels des investissements en Recherche & Développement, en France (en millions d'euros).

PIB représente les montants annuels du Produit Intérieur Brut (PIB), en France. Le Produit Intérieur Brut (PIB) en valeur courante est disponible sur le site Internet de l'INSEE (www.insee.fr/fr/indicateur) et prend les valeurs suivantes (en centaines de millions d'euros).

| France | 1978 | 1979 | 1980 | 1981 | 1982 | 1983 | 1984 | 1985 | 1986 | 1987 | 1988 | 1989 | 1990 |
|---|---|---|---|---|---|---|---|---|---|---|---|---|---|
| PIB courant | 3424 | 3891 | 4394 | 4938 | 5651 | 6252 | 6800 | 7274 | 7829 | 8257 | 8899 | 9559 | 10093 |

| 1991 | 1992 | 1993 | 1994 | **1995** | 1996 | 1997 | 1998 | 1999 | 2000 | 2001 | 2002 | 2003 |
|---|---|---|---|---|---|---|---|---|---|---|---|---|
| 10495 | 10864 | 11017 | 11433 | **11818** | 12122 | 12512 | 13059 | 13551 | 14201 | 14756 | 15268 | 15572 |

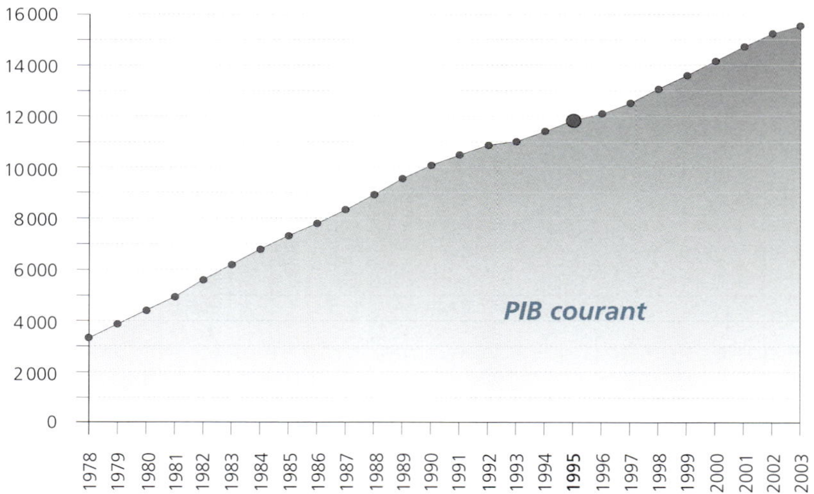


Les valeurs ci-dessus du produit Intérieur Brut (PIB), pour être comparées entre elles, doivent être fournies en valeur constante, c'est-à-dire hors inflation ; les chiffres actuellement disponibles prennent pour base l'année 1995, selon le tableau suivant.

La **variable PIB** ainsi définie correspond au Produit Intérieur Brut (PIB) en valeur constante.

On constate que, dans les deux tableaux, celui en valeur courante et celui en valeur constante, la valeur de base de l'année 1995 est bien entendu identique, à savoir 11818.

La période concernée s'étend de 1988 à 2003, NA signifiant non disponible.

| France | 1988 | 1989 | 1990 | 1991 | 1992 | 1993 | 1994 | 1995 | 1996 | 1997 | 1998 | 1999 | 2000 | 2001 | 2002 | 2003 |
|---|---|---|---|---|---|---|---|---|---|---|---|---|---|---|---|---|
| PIB | 10488 | 10925 | 11210 | 11322 | 11491 | 11389 | 11624 | **11818** | 11949 | 12176 | 12591 | 12995 | 13488 | 13771 | 13934 | 13999 |
| DDE1 | 12437 | 12592 | 12378 | 12597 | 12539 | 12638 | 12514 | 12419 | 12916 | 13252 | 13251 | 13592 | 13870 | 13504 | 13559 | 13517 |
| DDE2 | 12582 | 12789 | 12556 | 12786 | 12775 | 12793 | 12650 | 12568 | 13137 | 13725 | 13910 | 14335 | 14615 | 14365 | 14485 | 14530 |
| DDE3 | NA | 12822 | 12621 | 12872 | 12844 | 12878 | 12735 | 12682 | 13257 | 13822 | 14036 | 14 456 | 14746 | 14506 | 14677 | 14698 |
| R&D | NA | NA | NA | NA | 16134 | 16340 | 16551 | 16649 | 17131 | 17357 | 17632 | 18655 | 19348 | 20782 | NA | NA |

## 2 L'étude statistique des variables prises individuellement

Chacune des cinq variables DDE1, DDE2, DDE3, R&D et PIB fait l'objet de la brève description graphique et statistique suivante. On y trouve un graphique représentant la courbe d'évolution annuelle de la variable, ainsi qu'un tableau fournissant les statistiques descriptives de cette variable et correspondant audit graphique.

En première ligne du tableau, est présentée :

a) la **valeur moyenne** (soit la moyenne arithmétique : $\text{moyenne}(x) = \sum x / n$ avec $\sum x$, la somme des nombres x, divisée par n observations, n données ou n dates);

b) l'**écart type** : l'écart type (noté S) est un indicateur de dispersion. Il mesure la dispersion autour de la moyenne.

$$S = \sqrt{\frac{\sum (x - \bar{x})^2}{n}}$$

avec $\bar{x}$, valeur moyenne de x, $\sum$ la somme et n observations (n dates). Plus S est grand, plus on est en présence d'une dispersion importante de l'ensemble des données par rapport à la tendance moyenne;

c) le **kurtosis**, ou **coefficient d'aplatissement**, qui caractérise la forme de pic, la concentration ou l'aplatissement relatifs d'une distribution comparée à une distribution normale (source : Aide d'Excel) :

– un **kurtosis positif** indique une concentration élevée, soit un resserrement de la distribution (c'est-à-dire de l'ensemble des données) autour de la moyenne : la distribution est alors relativement pointue;

– un **kurtosis négatif** indique, quant à lui, une distribution relativement aplatie;

– enfin, un **kurtosis dont la valeur est nulle** indique une distribution normale.

*Faible concentration*
*Applatissement élevé*

*Indice négatif*

*Concentration normale*
*Applatissement normal*

*Indice nul*

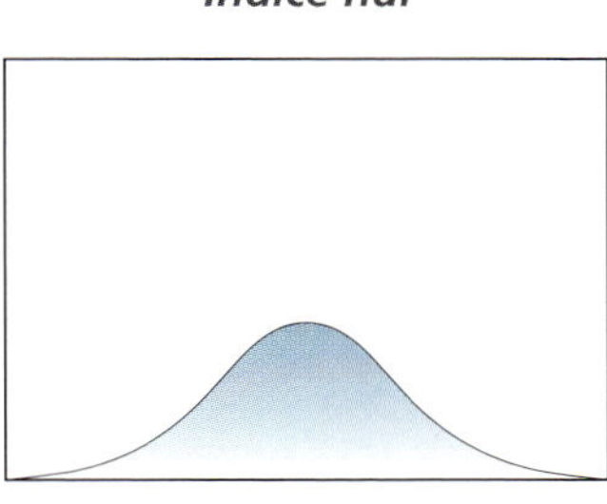

*Concentration élevée*
*Applatissement faible*

*Indice positif*

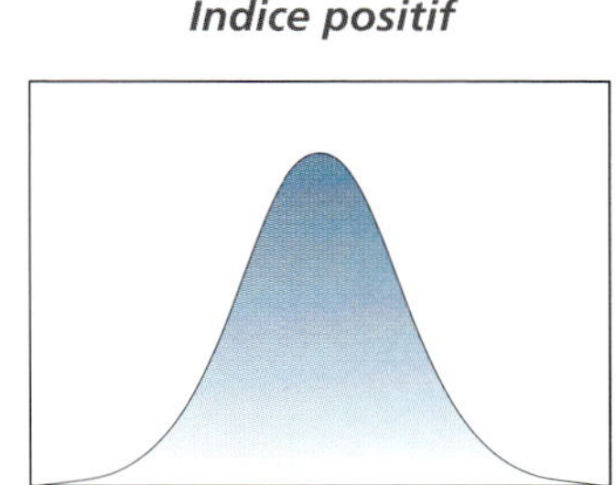

Source : *http://www.up.univ-mrs.fr/veronis/cours/INFZ16*

Par « distribution », il faut entendre répartition de l'ensemble des données. La notion de « distribution normale » fait référence à la loi statistique dite loi normale (ou aussi loi de Laplace-Gauss), dont la répartition est décrite par la fameuse courbe en cloche ou courbe de Gauss qui est présentée ci-dessous :

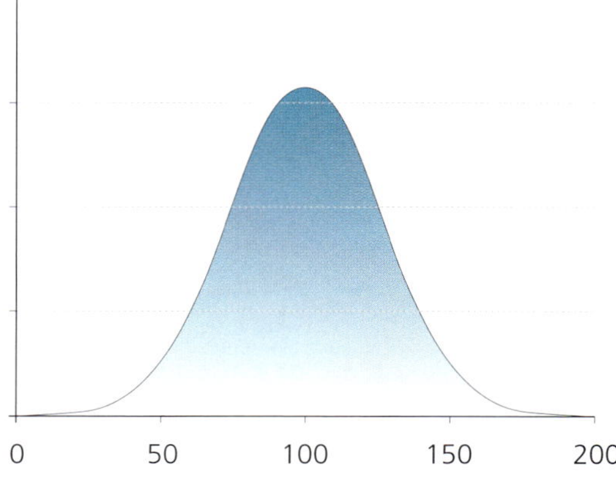


d) le **coefficient d'asymétrie** caractérise le degré d'asymétrie d'une distribution par rapport à sa moyenne. Un coefficient d'asymétrie positif indique une distribution unilatérale décalée vers les valeurs les plus positives, c'est-à-dire une distribution tirée par les montants les plus élevés. La distribution est alors étalée à droite. Un coefficient d'asymétrie négatif indique une distribution décalée vers les valeurs les plus négatives. La distribution est étalée vers la gauche. Un coefficient d'asymétrie nul indique une distribution parfaitement symétrique.

***Étalement à gauche***
***Indice négatif***

***Symétrie***
***Indice nul***

***Étalement à droite***
***Indice positif***

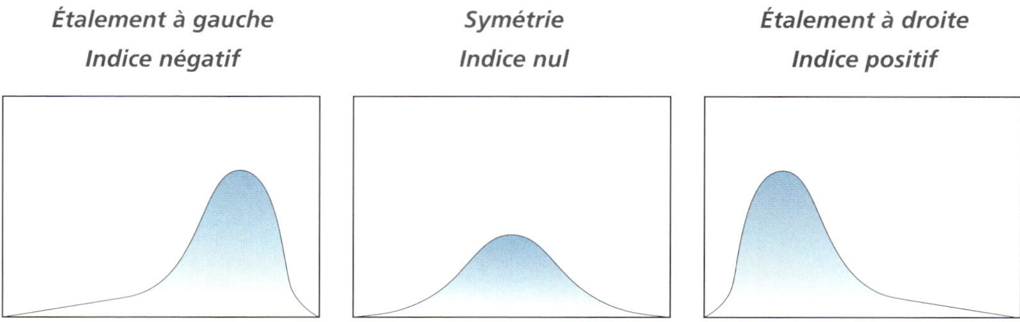

Source : *http://www.up.univ-mrs.fr/veronis/cours/INFZ16*

## 3 Les résultats

### En ce qui concerne la variable DDE1

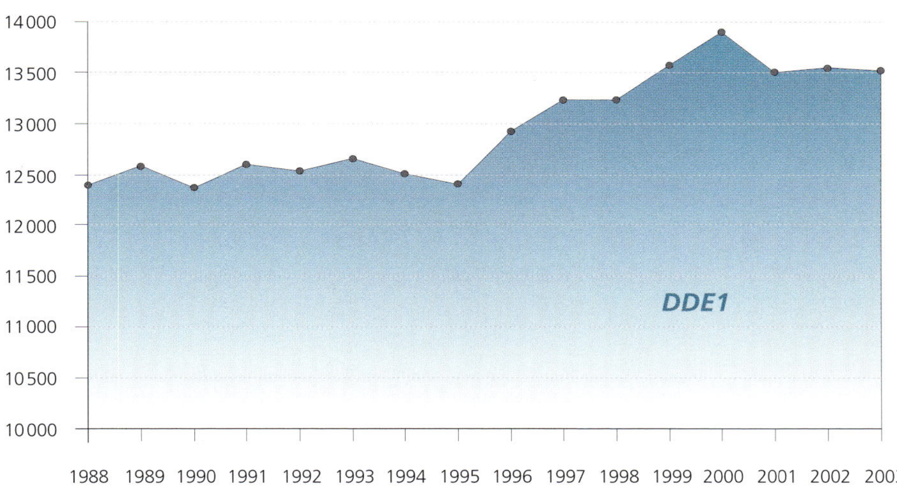


On observe une courbe relativement stable pendant quelques années, puis une augmentation régulière suivie d'une seconde phase de stabilité. Les résultats statistiques apparaissent dans le tableau ci-dessous.

| DDE1 | |
|---|---|
| Moyenne | 12973,4375 |
| Écart-type | 517,2665295 |
| Kurtosis (coefficient d'applatissement) | - 1,585461567 |
| Coefficient d'asymétrie | 0,357509209 |
| Minimum | 12378 |
| Maximum | 13870 |

L'écart type de 517,26 indique une dispersion assez élevée de la distribution par rapport à la moyenne, égale à 12 973,43 ; l'étendue, qui est la différence entre le maximum et le minimum est de 1 492, ce qui n'est pas excessif. Le coefficient d'aplatissement est négatif : la distribution est ici relativement aplatie. Quant au coefficient d'asymétrie, il est positif, ce qui indique une distribution asymétrique, « tirée » par les montants les plus élevés. L'ensemble de ces résultats montre que nous sommes en présence d'une population relativement homogène.

**En ce qui concerne la variable DDE2**

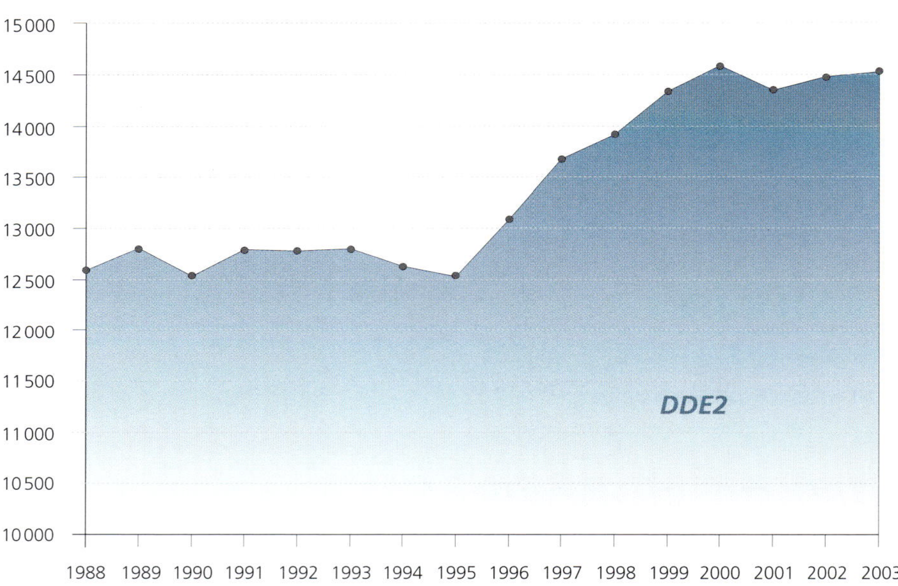


On observe une courbe d'allure générale voisine de celle de DDE1. Les résultats statistiques apparaissent dans le tableau ci-dessous.

| DDE2 | |
|---|---|
| Moyenne | 13412,5625 |
| Écart-type | 829,206204 |
| Kurtosis (coefficient d'applatissement) | - 1,79631128 |
| Coefficient d'asymétrie | 0,38969522 |
| Minimum | 12556 |
| Maximum | 14615 |

La dispersion par rapport à la moyenne est un peu plus élevée que dans le cas de DDE1. L'étendue a une valeur de 2 059, supérieure à DDE1 ; le coefficient d'aplatissement est plus fortement négatif et le coefficient d'asymétrie plus fortement positif que dans le cas de DDE1.

**En ce qui concerne la variable DDE3**

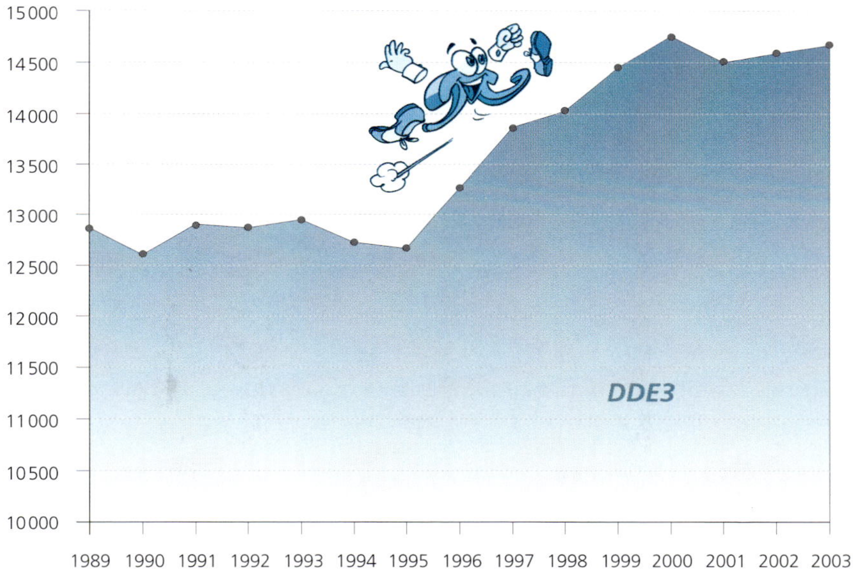


L'allure générale de la courbe est similaire à celle observée pour DDE1 et DDE2. Les résultats statistiques apparaissent dans le tableau ci-dessous.

| DDE3 | |
|---|---|
| Moyenne | 13576,8 |
| Écart-type | 860,184963 |
| Kurtosis (coefficient d'applatissement) | -1,88412538 |
| Coefficient d'asymétrie | 0,28478653 |
| Minimum | 12621 |
| Maximum | 14746 |

La dispersion par rapport à la moyenne est encore un peu plus élevée que dans le cas de DDE2. L'étendue a une valeur de 2125, supérieure à DDE2; le coefficient d'aplatissement est plus fortement négatif et le coefficient d'asymétrie largement moins positif que dans le cas de DDE2 ou DDE1.

**En ce qui concerne la variable R&D**

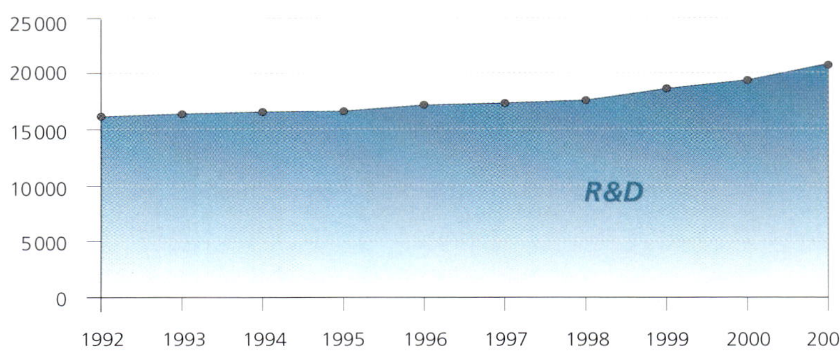


La courbe présente une allure régulièrement croissante sur la période. Les résultats statistiques apparaissent dans le tableau ci-dessous.

| R&D | |
|---|---|
| Moyenne | 17657,9 |
| Écart-type | 1501,174388 |
| Kurtosis (coefficient d'applatissement) | 0,621887008 |
| Coefficient d'asymétrie | 1,146506995 |
| Minimum | 16134 |
| Maximum | 20,782 |

L'écart type est égal à 1 501, ce qui indique une dispersion relativement à la moyenne de 17 658. Le coefficient d'aplatissement est positif : 0,62, soit une concentration élevée.

**En ce qui concerne la variable PIB**

On observe une courbe en croissance assez régulière sur la période. Les résultats statistiques apparaissent dans le tableau ci-dessous.

L'écart type (1 130) indique une assez grande dispersion de la distribution ou des observations par rapport à la moyenne, égale à 12 198. L'étendue, qui est la différence entre le maximum et le minimum, est importante : 3 511. Le coefficient d'aplatissement est négatif : la distribution est aplatie : il y a faible concentration des données autour de la moyenne. Quant au coefficient d'asymétrie, il est positif, ce qui indique une distribution tirée par les montants les plus élevés.

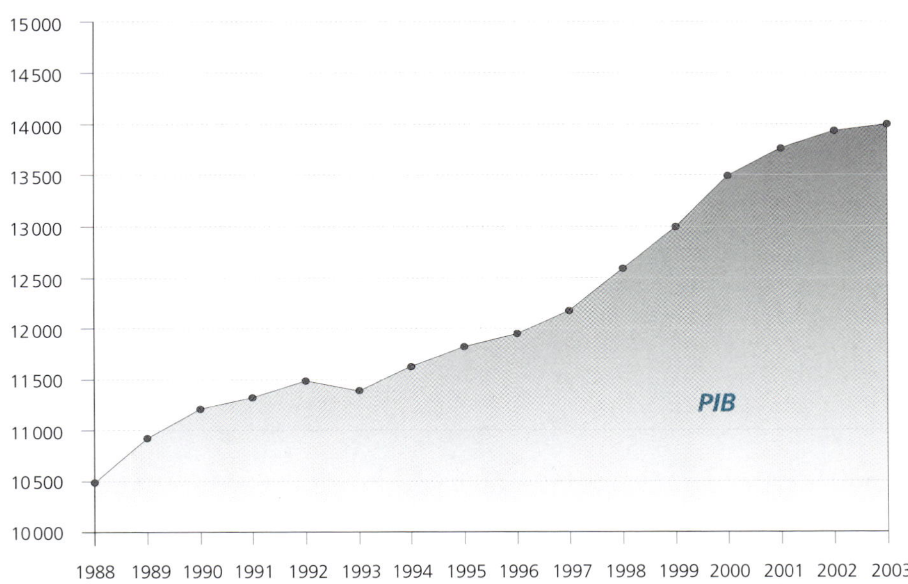


| ***PIB*** | |
|---|---|
| Moyenne | 12198,125 |
| Écart-type | 1130,316291 |
| Kurtosis (coefficient d'applatissement) | - 1,117819511 |
| Coefficient d'asymétrie | 0,413105834 |
| Minimum | 10488 |
| Maximum | 13999 |

Au vu de l'ensemble des résultats, nous découvrons une population de données assez hétérogène. Le rapport moyen R&D/PIB s'établit à 17 658/12 198, soit 1,45% ; il s'agit du ratio moyen Recherche & Développement/PIB.

Le chapitre suivant traite de l'analyse de corrélation entre les variables prises deux à deux.

Chapitre 12

# Analyse statistique des variables prises conjointement

*Il n'y a pas d'innovation sans désobéissance.*
Michel Millot

Nous proposons au cours de ce chapitre de choisir la « meilleure » variable DDE1, DDE2 et DDE3 définies précédemment. DDE1, DDE2 et DDE3 caractérisent trois séries de nombres de demandes de brevet (certificats d'utilité compris) déposées par des ressortissants français, d'une part les demandes nationales DDE1, d'autre part le total des demandes nationales et européennes DDE2, enfin le total des demandes nationales, européennes et internationales DDE3.

En effet, l'un des objectifs de cet essai étant d'analyser le lien entre innovation et Produit Intérieur Brut (PIB), nous nous demandons **quelle est la variable la plus représentative de la Propriété Industrielle (PI), dans son rapport mathématique avec le PIB**.

Pour répondre à cette question, la méthode retenue consiste à calculer, au plan statistique, le coefficient de corrélation entre la variable PIB et, respectivement, chacune des variables DDE1, DDE2, DDE3. Un calcul similaire pourrait également être réalisé entre les variables PIB et R&D ; il fera l'objet d'une évaluation plus précise au cours d'un chapitre suivant.

La présente démarche consiste donc à conserver parmi les variables DDE1, DDE2 ou DDE3, celle qui présente le **coefficient de corrélation positif le plus élevé** avec la variable PIB. Un coefficient de corrélation positif indique que la variable PIB et la variable sélectionnée évoluent dans le même sens, ce qui signifie que les séries de données évoluent dans le même sens, soit en croissance, soit en décroissance.

## 1 La corrélation entre les variables DDE1 et PIB

Le tableau suivant reproduit les données correspondantes. Par convention, on notera dans les tableaux DDE1 88-03 la valeur prise par la variable DDE1 de 1988 à 2003, et PIB 88-03 la valeur prise par la variable PIB de 1988 à 2003 ; une convention similaire est retenue dans la suite de cet essai, pour chacune des variables.

| France | 1988 | 1989 | 1990 | 1991 | 1992 | 1993 | 1994 | 1995 | 1996 | 1997 | 1998 | 1999 | 2000 | 2001 | 2002 | 2003 |
|---|---|---|---|---|---|---|---|---|---|---|---|---|---|---|---|---|
| DDE1 88-03 | 12437 | 12592 | 12378 | 12597 | 12539 | 12638 | 12514 | 12419 | 12916 | 13252 | 13251 | 13592 | 13870 | 13504 | 13559 | 13517 |
| PIB 88-03 | 10488 | 10925 | 11210 | 11322 | 11491 | 11389 | 11624 | 11818 | 11949 | 12176 | 12591 | 12995 | 13488 | 13771 | 13934 | 13999 |

Le graphique suivant reproduit la courbe d'évolution des variables DDE1 et PIB.

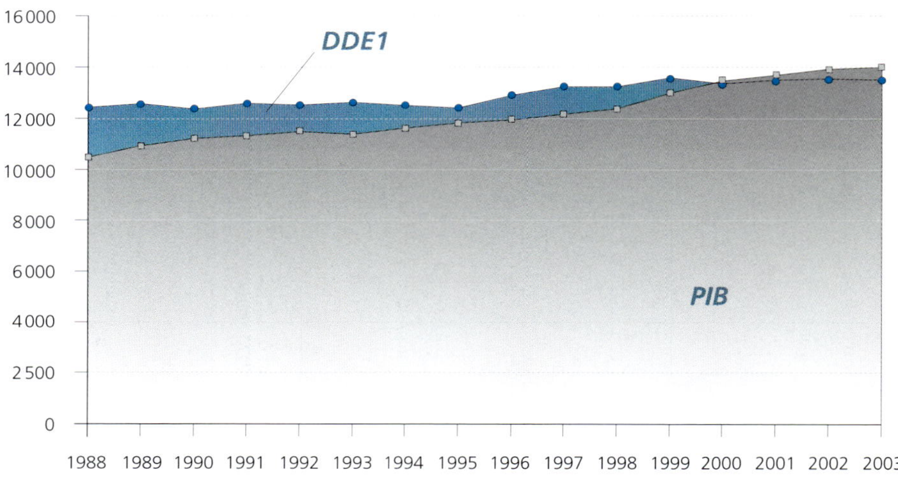


Le coefficient de corrélation obtenu au moyen du logiciel SPAD est de **0,91**. Il est calculé de la manière suivante.

**Calcul du coefficient de corrélation**

$$R(x, y) = \frac{\text{Cov }(x,y)}{s(x)\ .\ s(y)}$$

avec : Cov (x,y), la covariance entre x et y,
s(x), s(y), écart-type de x et écart-type de y.

Ainsi, au vu des résultats présentés ci-dessus, nous constatons que la variable DDE1 a un coefficient de corrélation élevé avec la variable PIB puisqu'il est égal à +0,91 ; autrement dit, les deux séries de données sont corrélées positivement à 91 % près. Elles sont donc non seulement fortement corrélées mais elles évoluent de plus dans le même sens : si la variable DDE1 diminue, la variable PIB a aussi tendance à diminuer, et inversement. C'est ainsi que l'on caractérise un lien de corrélation, qui représente une relation entre des variables qui fonctionne dans les deux sens.

## 2 La corrélation entre les variables DDE2 et PIB

Le tableau suivant reproduit les données correspondantes.

| France | 1988 | 1989 | 1990 | 1991 | 1992 | 1993 | 1994 | 1995 | 1996 | 1997 | 1998 | 1999 | 2000 | 2001 | 2002 | 2003 |
|---|---|---|---|---|---|---|---|---|---|---|---|---|---|---|---|---|
| DDE2 88-03 | 12582 | 12789 | 12556 | 12786 | 12775 | 12793 | 12650 | 12568 | 13137 | 13725 | 13910 | 14335 | 14615 | 14365 | 14485 | 14530 |
| PIB 88-03 | 10488 | 10925 | 11210 | 11322 | 11491 | 11389 | 11624 | 11818 | 11949 | 12176 | 12591 | 12995 | 13488 | 13771 | 13934 | 13999 |

Le graphique suivant reproduit la courbe d'évolution des variables.

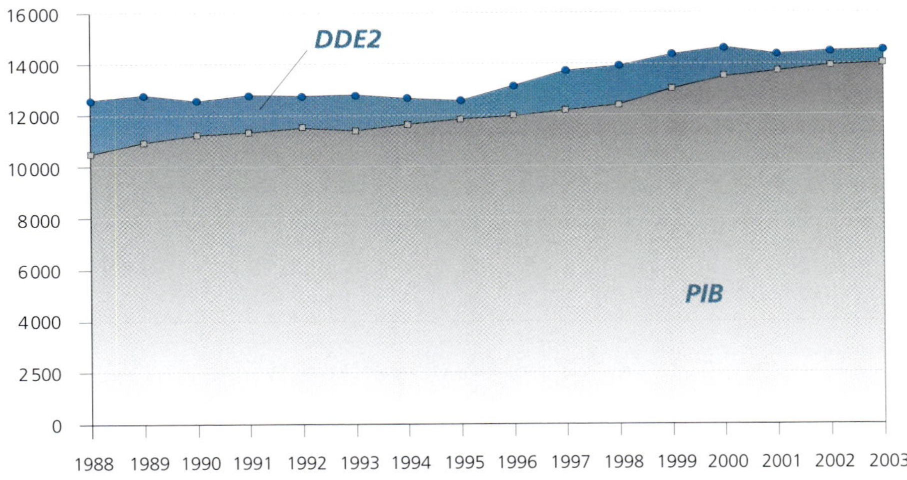


Le coefficient de corrélation obtenu au moyen du logiciel SPAD est de **0,94** ; notons qu'il est supérieur à celui obtenu avec la variable DDE1.

## 3 La corrélation entre les variables DDE3 et PIB

Le tableau suivant reproduit les données correspondantes.

| France | 1989 | 1990 | 1991 | 1992 | 1993 | 1994 | 1995 | 1996 | 1997 | 1998 | 1999 | 2000 | 2001 | 2002 | 2003 |
|---|---|---|---|---|---|---|---|---|---|---|---|---|---|---|---|
| DDE3 89-03 | 12822 | 12621 | 12872 | 12844 | 12878 | 12735 | 12682 | 13257 | 13822 | 14036 | 14 456 | 14746 | 14506 | 14677 | 14698 |
| PIB 89-03 | 10925 | 11210 | 11322 | 11491 | 11389 | 11624 | 11818 | 11949 | 12176 | 12591 | 12995 | 13488 | 13771 | 13934 | 13999 |

Le graphique suivant reproduit la courbe d'évolution des variables.

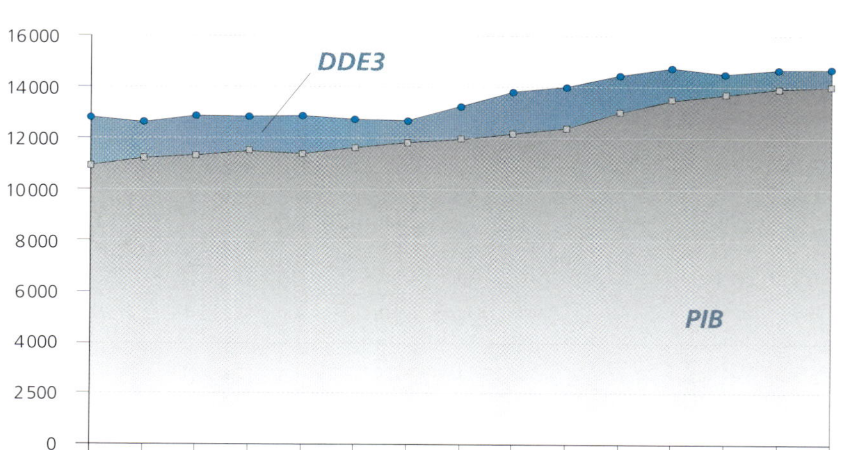


Le coefficient de corrélation obtenu au moyen du logiciel SPAD est de **0,95**. Remarquons à nouveau qu'il est supérieur à celui obtenu avec les variables DDE1 et DDE2.

## 4 Conclusion

Au vu des résultats obtenus, la variable DDE3 a le coefficient de corrélation le plus élevé avec la variable PIB puisqu'il est égal à 0,95. Autrement dit, les deux séries sont corrélées positivement à 95 %. Elles sont donc non seulement très fortement corrélées mais elles évoluent dans le même sens.

**La variable DDE3 est donc retenue pour la suite de l'analyse statistique.**

À ce stade, compte tenu du coefficient de corrélation très élevé obtenu, nous estimons qu'un avertissement s'impose ! Quelques esprits chagrins pourraient soutenir que les données employées ont été « judicieusement » choisies pour obtenir de bons résultats. Il n'en est rien. C'est avec la plus totale bonne foi que cet essai a été conduit, depuis son origine et jusqu'à son terme.

En effet, les données recueillies sont celles disponibles en accès libre auprès des offices de Propriété Industrielle (PI) et des administrations françaises. Les années de collecte ont été retenues en bloc et dans leur intégralité, sans aucune manipulation vers le passé ou l'avenir : si nous avions disposé de séries de données plus longues, elles auraient été employées. Dans un premier temps, les données ont été recueillies par Jean-Paul Kédinger, puis c'est seulement dans un deuxième temps qu'a été lancée l'analyse de corrélation, sans aucune modification dans les séries de données ou dans la période considérée.

De plus, l'analyse de corrélation a été conduite en toute indépendance par Siham Lyamoudi, équipée pour ce faire d'un des meilleurs logiciels d'analyse, et qui a d'ailleurs présenté sur ce sujet un rapport écrit en juin 2004 dans le cadre du Magistère de Modélisation de l'université Paris X-Nanterre sur le thème « La recherche d'indicateurs économiques relatifs à la Propriété Industrielle ». À l'exception de Siham Lyamoudi, aucun autre membre de notre groupe ne dispose d'expertise dans le domaine statistique, et nous avons donc « découvert » les résultats au fur et à mesure de leur production, pour notre plus grande satisfaction d'ailleurs ! Mais, répétons-le, sans aucune manipulation.

Nous constatons donc qu'une originalité de cet essai, qui a consisté à retenir les demandes de brevet d'origine nationale comme critère d'analyse (alors que la plupart des documents disponibles s'appuient sur la totalité des brevets déposés, qu'ils soient d'origine nationale ou étrangère) fournit des résultats inattendus : **les coefficients de corrélation ainsi obtenus sont excellents**. Il faut s'en réjouir, mais ceci est le résultat naturel et mathématique des séries étudiées, mis à la disposition de tous pour mener des recherches complémentaires à l'avenir. Cette clarification étant faite, le chapitre suivant introduira la notion de décalage temporel.

Chapitre 13

# Le décalage temporel

*Encouragez l'innovation.*
*Le changement est notre force vitale,*
*La stagnation notre glas.*
David Ogilvy

L'objet de ce chapitre est d'analyser le comportement du taux de corrélation entre la variable retenue DDE3 (demandes de brevet français, demandes de brevet européen et demandes internationales, d'origine française) et la variable PIB lorsqu'un **décalage temporel** vers l'avenir est appliqué à la variable PIB. L'hypothèse sous-jacente à ce calcul est que l'impact éventuel d'une innovation sur l'activité économique intervient après le dépôt d'une demande de brevet.

L'amplitude de ce différé est-il d'une année ou davantage ? Nous allons observer les changements du coefficient de corrélation en faisant diverses hypothèses de calcul.

Nous proposons, par exemple, de calculer le coefficient de corrélation entre la variable DDE3 pour les données de 1989 à 2001, avec la variable PIB pour les données de 1990 à 2002, soit avec un décalage temporel d'une année.

Par convention, on notera les séries observées DDE3 89-01 et **PIB1** 90-02, et nous effectuerons un second calcul avec une seconde série de données plus récentes, notée respectivement DDE3 89-02 et PIB1 90-03 ; **PIB1** représentant la variable PIB ayant subi un décalage vers l'avenir. Un décalage temporel de deux années sera noté DDE3 89-00 et PIB1 91-02 et une seconde série de données plus récentes sera notée DDE3 89-01 et PIB1 91-03. Un décalage temporel de trois années sera noté DDE3 89-99 et PIB1 92-02.

## Décalage temporel d'une année entre DDE3 et PIB

Une première série de données figure dans le tableau suivant.

| | 1989 | 1990 | 1991 | 1992 | 1993 | 1994 | 1995 | 1996 | 1997 | 1998 | 1999 | 2000 | 2001 |
|---|---|---|---|---|---|---|---|---|---|---|---|---|---|
| | 1990 | 1991 | 1992 | 1993 | 1994 | 1995 | 1996 | 1997 | 1998 | 1999 | 2000 | 2001 | 2002 |
| DDE3 89-01 | 12822 | 12621 | 12872 | 12844 | 12878 | 12735 | 12682 | 13257 | 13822 | 14036 | 14456 | 14746 | 14506 |
| PIB1 90-02 | 11210 | 11322 | 11491 | 11389 | 11624 | 11818 | 11949 | 12176 | 12591 | 12995 | 13488 | 13771 | 13934 |

Le graphique correspondant à ce tableau est représenté ci-dessous.

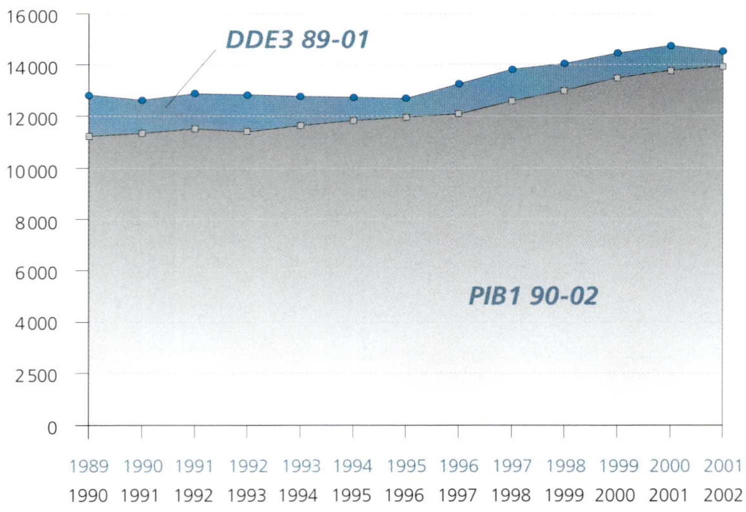


Le coefficient de corrélation calculé au moyen du logiciel SPAD est de **0,96**. Sans décalage temporel, sa valeur était moindre **(0,95)**.

Une seconde série de données plus récentes figure dans le tableau page ci-contre.

| | 1989 | 1990 | 1991 | 1992 | 1993 | 1994 | 1995 | 1996 | 1997 | 1998 | 1999 | 2000 | 2001 | 2002 |
|---|---|---|---|---|---|---|---|---|---|---|---|---|---|---|
| | 1990 | 1991 | 1992 | 1993 | 1994 | 1995 | 1996 | 1997 | 1998 | 1999 | 2000 | 2001 | 2002 | 2003 |
| DDE3 89-02 | 12822 | 12621 | 12872 | 12844 | 12878 | 12735 | 12682 | 13257 | 13822 | 14036 | 14456 | 14746 | 14506 | 14677 |
| PIB1 90-03 | 11210 | 11322 | 11491 | 11389 | 11624 | 11818 | 11949 | 12176 | 12591 | 12995 | 13488 | 13771 | 13934 | 13999 |

Le graphique correspondant à ce tableau est représenté ci-dessous.

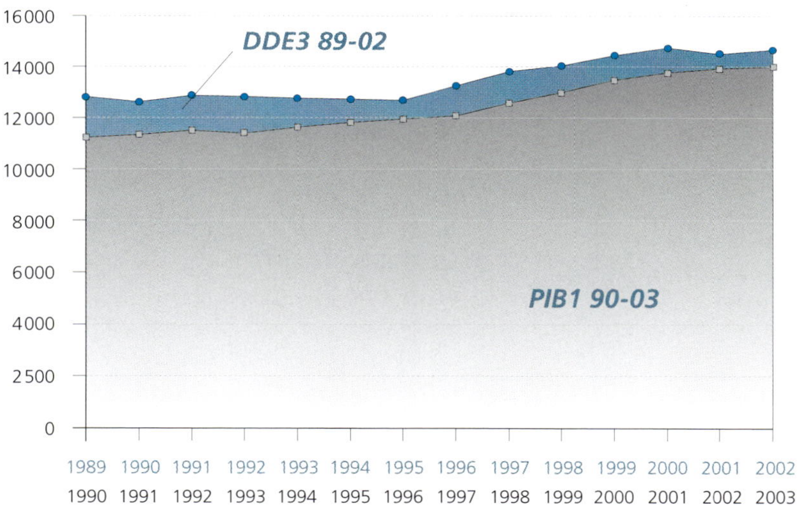


Le coefficient de corrélation calculé au moyen du logiciel SPAD est de **0,97**. Il s'est encore amélioré en exploitant des données plus récentes et reste aussi supérieur à celui observé sans décalage temporel.

## 2 Décalage temporel de deux années entre DDE3 et PIB

Les séries de données correspondantes apparaissent dans le tableau suivant.

| | 1989 | 1990 | 1991 | 1992 | 1993 | 1994 | 1995 | 1996 | 1997 | 1998 | 1999 | 2000 |
|---|---|---|---|---|---|---|---|---|---|---|---|---|
| | 1991 | 1992 | 1993 | 1994 | 1995 | 1996 | 1997 | 1998 | 1999 | 2000 | 2001 | 2002 |
| DDE3 89-00 | 12822 | 12621 | 12872 | 12844 | 12878 | 12735 | 12682 | 13257 | 13822 | 14036 | 14456 | 14746 |
| PIB2 91-02 | 11322 | 11491 | 11389 | 11624 | 11818 | 11949 | 12176 | 12591 | 12995 | 13488 | 13771 | 13934 |

Le graphique correspondant à ce tableau est représenté ci-dessous.

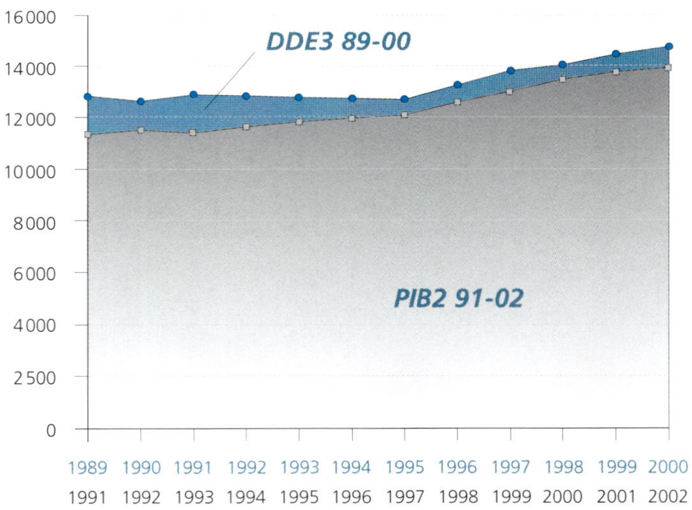


Le coefficient de corrélation calculé au moyen du logiciel SPAD est de **0,95**. On constate donc une diminution par rapport au décalage temporel d'une année ; le phénomène est similaire en employant les séries de données plus récentes d'un an, soit DDE3 89-01 et PIB1 91-03, avec un coefficient de corrélation obtenu de **0,96**, alors qu'il était de **0,97** pour un décalage temporel d'un an.

## 3 Décalage temporel de trois années entre DDE3 et PIB

Les séries de données correspondantes apparaissent dans le tableau suivant.

| | 1989 | 1990 | 1991 | 1992 | 1993 | 1994 | 1995 | 1996 | 1997 | 1998 | 1999 |
|---|---|---|---|---|---|---|---|---|---|---|---|
| | 1992 | 1993 | 1994 | 1995 | 1996 | 1997 | 1998 | 1999 | 2000 | 2001 | 2002 |
| DDE3 89-99 | 12822 | 12621 | 12872 | 12844 | 12878 | 12735 | 12682 | 13257 | 13822 | 14036 | 14456 |
| PIB2 92-02 | 11491 | 11389 | 11624 | 11818 | 11949 | 12176 | 12591 | 12995 | 13488 | 13771 | 13934 |

Le graphique correspondant à ce tableau est représenté ci-dessous.

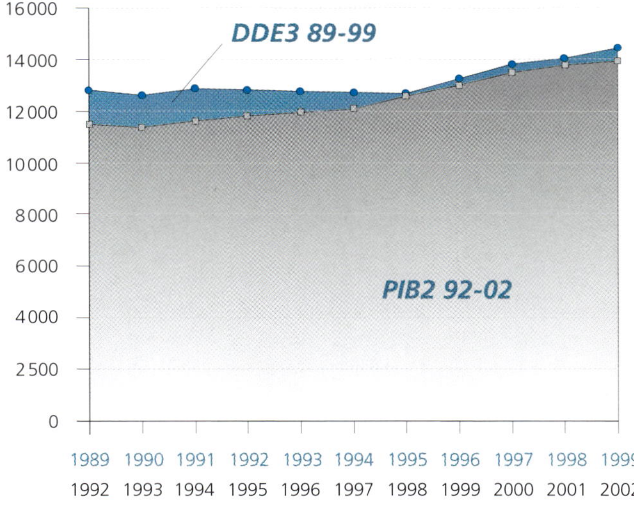


Le coefficient de corrélation calculé au moyen du logiciel SPAD est de **0,90**. On constate donc une forte diminution par rapport au décalage temporel d'une ou deux année(s). Avant de conclure, nous allons appliquer l'hypothèse du décalage temporel en remplaçant la variable DDE3 par la variable DDE2 (c'est-à-dire en enlevant les demandes internationales).

## 4 Décalage temporel entre DDE2 et PIB

**Décalage temporel d'une année entre DDE2 et PIB**

Les séries de données correspondantes apparaissent dans le tableau page suivante.

| | 1988 | 1989 | 1990 | 1991 | 1992 | 1993 | 1994 | 1995 | 1996 | 1997 | 1998 | 1999 | 2000 | 2001 |
|---|---|---|---|---|---|---|---|---|---|---|---|---|---|---|
| | 1989 | 1990 | 1991 | 1992 | 1993 | 1994 | 1995 | 1996 | 1997 | 1998 | 1999 | 2000 | 2001 | 2002 |
| DDE2 88-01 | 12582 | 12789 | 12556 | 12786 | 12775 | 12793 | 12650 | 12568 | 13137 | 13725 | 13910 | 14335 | 14615 | 14365 |
| PIB1 89-02 | 10925 | 11210 | 11322 | 11491 | 11389 | 11624 | 11818 | 11949 | 12176 | 12591 | 12995 | 13488 | 13771 | 13934 |

Le graphique correspondant à ce tableau est représenté ci-dessous.

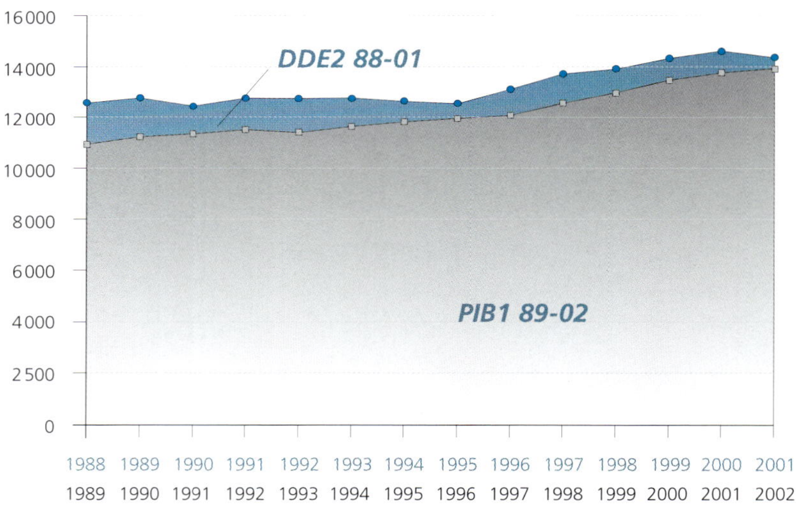


Le coefficient de corrélation calculé au moyen du logiciel SPAD est de **0,94**. Il était de **0,93** sans décalage temporel. L'application de la même méthode avec des données plus récentes d'un an, soit avec les séries DDE2 88-02 et PIB1 89-03 améliore encore le coefficient de corrélation, qui est alors de **0,96**, avec la série de données suivante.

| | 1988 | 1989 | 1990 | 1991 | 1992 | 1993 | 1994 | 1995 | 1996 | 1997 | 1998 | 1999 | 2000 | 2001 | 2002 |
|---|---|---|---|---|---|---|---|---|---|---|---|---|---|---|---|
| | 1989 | 1990 | 1991 | 1992 | 1993 | 1994 | 1995 | 1996 | 1997 | 1998 | 1999 | 2000 | 2001 | 2002 | 2003 |
| DDE2 88-02 | 12582 | 12789 | 12556 | 12786 | 12775 | 12793 | 12650 | 12568 | 13137 | 13725 | 13910 | 14335 | 14615 | 14365 | 14485 |
| PIB1 89-03 | 10925 | 11210 | 11322 | 11491 | 11389 | 11624 | 11818 | 11949 | 12176 | 12591 | 12995 | 13488 | 13771 | 13934 | 13999 |

**Décalage temporel de deux années entre DDE2 et PIB**
Les séries de données correspondantes apparaissent dans le tableau suivant.

| | 1988 | 1989 | 1990 | 1991 | 1992 | 1993 | 1994 | 1995 | 1996 | 1997 | 1998 | 1999 | 2000 |
|---|---|---|---|---|---|---|---|---|---|---|---|---|---|
| | 1990 | 1991 | 1992 | 1993 | 1994 | 1995 | 1996 | 1997 | 1998 | 1999 | 2000 | 2001 | 2002 |
| DDE2 88-00 | 12582 | 12789 | 12556 | 12786 | 12775 | 12793 | 12650 | 12568 | 13137 | 13725 | 13910 | 14335 | 14615 |
| PIB2 90-02 | 11210 | 11322 | 11491 | 11389 | 11624 | 11818 | 11949 | 12176 | 12591 | 12995 | 13488 | 13771 | 13934 |

Le graphique correspondant à ce tableau est représenté ci-dessous.

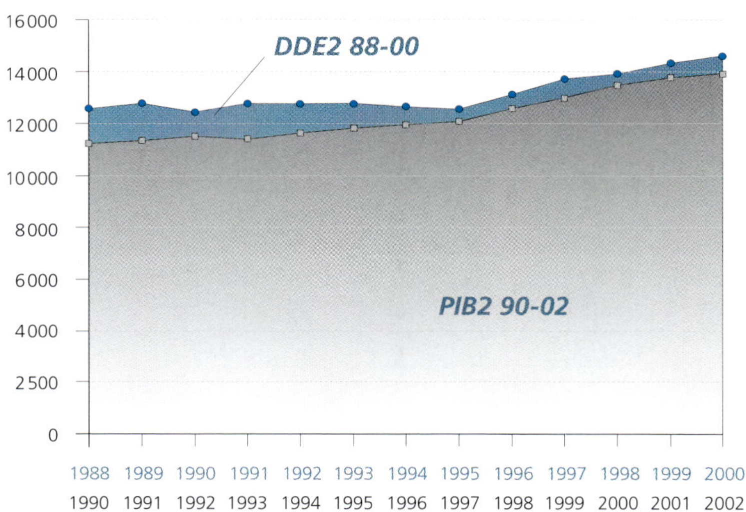


Le coefficient de corrélation calculé au moyen du logiciel SPAD est de **0,94**, soit une valeur identique à la valeur précédente.

**Décalage temporel de trois années entre DDE2 et PIB**
Les séries de données correspondantes apparaissent dans le tableau page suivante.

| | 1988 | 1989 | 1990 | 1991 | 1992 | 1993 | 1994 | 1995 | 1996 | 1997 | 1998 | 1999 |
|---|---|---|---|---|---|---|---|---|---|---|---|---|
| | 1991 | 1992 | 1993 | 1994 | 1995 | 1996 | 1997 | 1998 | 1999 | 2000 | 2001 | 2002 |
| DDE2 88-99 | 12 582 | 12 789 | 12 556 | 12 786 | 12 775 | 12 793 | 12 650 | 12 568 | 13 137 | 13 725 | 13 910 | 14 335 |
| PIB3 91-02 | 11 322 | 11 491 | 11 389 | 11 624 | 11 818 | 11 949 | 12 176 | 12 591 | 12 995 | 13 488 | 13 771 | 13 934 |

Le graphique correspondant à ce tableau est représenté ci-dessous.

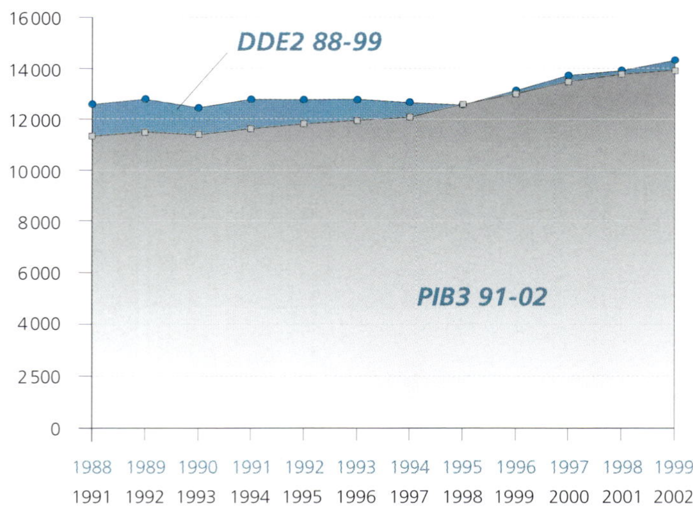


Le coefficient de corrélation calculé au moyen du logiciel SPAD est de **0,90**, soit inférieur aux valeurs précédentes.

**Décalage temporel de quatre années entre DDE2 et PIB**
Nous vérifions la baisse du taux de corrélation en effectuant, à titre expérimental, un décalage d'une année supplémentaire. Les séries de données correspondantes apparaissent dans le tableau page ci-contre.

| | 1988 | 1989 | 1990 | 1991 | 1992 | 1993 | 1994 | 1995 | 1996 | 1997 | 1998 |
|---|---|---|---|---|---|---|---|---|---|---|---|
| | 1992 | 1993 | 1994 | 1995 | 1996 | 1997 | 1998 | 1999 | 2000 | 2001 | 2002 |
| DDE2 88-98 | 12 582 | 12 789 | 12 556 | 12 786 | 12 775 | 12 793 | 12 650 | 12 568 | 13 137 | 13 725 | 13 910 |
| PIB4 92-02 | 11 491 | 11 389 | 11 624 | 11 818 | 11 949 | 12 176 | 12 591 | 12 995 | 13 488 | 13 771 | 13 934 |

Le graphique correspondant à ce tableau est représenté ci-dessous.

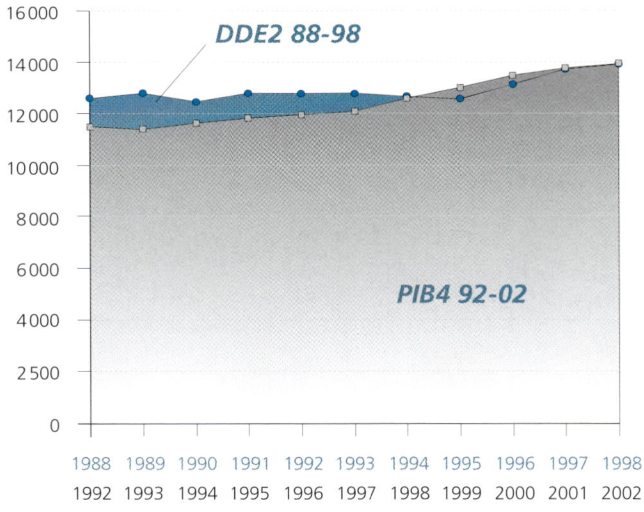


Le coefficient de corrélation calculé au moyen du logiciel SPAD est de **0,79**, soit une valeur en chute libre, comparée aux précédentes.

Au vu des résultats ci-dessus, nous constatons que le décalage temporel entre les variables DDE3 et PIB a pour effet d'**améliorer le coefficient de corrélation**. De plus, la corrélation la plus importante est obtenue pour un **décalage temporel d'une, voire deux année(s)**.

Le coefficient de corrélation diminue lorsque le décalage est supérieur à deux années. Cette baisse du coefficient de corrélation est loin d'être surprenante. En effet, nous disposons au départ d'un nombre réduit de données. Les observations disponibles de la variable DDE3 sont comprises entre les années 1988 et 2003 et s'étalent donc sur une douzaine d'années. Ceci est généralement insuffisant pour réaliser une analyse de corrélation, puisque plus grand sera le nombre d'observations, plus on aura un nombre important d'informations sur les séries. On conçoit donc que le fait de décaler dans le temps les variables DDE3 et PIB puisse changer la donne au plan de l'évolution des séries, puisque le décalage temporel diminue le nombre de « couples » de variables (qui passe de 14 lors d'un décalage temporel d'un an à 11 lors d'un décalage temporel de 4 ans) et donc, en l'occurrence ici, entraîner une baisse de leur corrélation.

Nous proposons en conclusion de conserver les **variables DDE3 (89-02) et PIB1 (90-03)** plutôt que les variables de départ DDE3 et PIB (88-02) pour la suite de l'analyse.

Chapitre 14

# Élaboration d'un modèle mathématique

*An economist is an expert*
*who will know tomorrow*
*why the things he predicted yesterday*
*didn't happen today.*
LAURENCE PETER

Ce chapitre a pour objet de construire le modèle mathématique d'équation :

$$Y = a \,.\, X + e$$

où **Y** représente la variable PIB (ou PIB1) et **X** la variable DDE1 (ou DDE2, ou DDE3).

Suite au calcul des coefficients de corrélation entre les variables DDE1, DDE2 ou DDE3 respectivement et PIB ou PIB1, nous sommes en mesure d'effectuer quelques observations complémentaires, dans le but d'en mesurer la pertinence. Rappelons que DDE1, DDE2 ou DDE3 représente le nombre annuel de dépôts de demandes de brevet autochtones, tandis que PIB correspond aux données du Produit Intérieur Brut (PIB) de la même année, et PIB1 celles de l'année suivante.

Il s'agit ici d'analyses statistiques, qui n'impliquent pas *a priori* de relation de cause à effet entre les variables; nous recherchons néanmoins le niveau de pertinence mathématique du travail effectué.

Ceci revient à construire le modèle économétrique ayant PIB (ou PIB1) pour **variable expliquée** et DDE1 (ou DDE2, ou encore DDE3) pour **variable explicative**.

Nous appliquons pour ce faire la méthode de **régression linéaire simple**, dite méthode des moindres carrés ordinaires (MCO), qui consiste à bâtir une droite (ou une courbe de régression) qui « ajuste » le mieux possible le nuage de points des données recueillies avec le nombre d'observations de la série à expliquer; cette courbe est telle que les « résidus », c'est-à-dire les écarts entre l'estimation de la variable à expliquer et sa réalisation, soient minimisés. Les mathématiciens disent que l'on effectue une « régression de la variable à expliquer sur la variable explicative ».

## 1 Mise en application du modèle Y = a . X + e

### Généralités

Soit Y la variable expliquée, et X la variable explicative. Nous cherchons à construire le modèle : Y = a . X + e, a étant le coefficient de X et e l'erreur du modèle, l'objectif étant de rendre e minimal.

Une illustration est présentée dans le graphique de la page suivante.

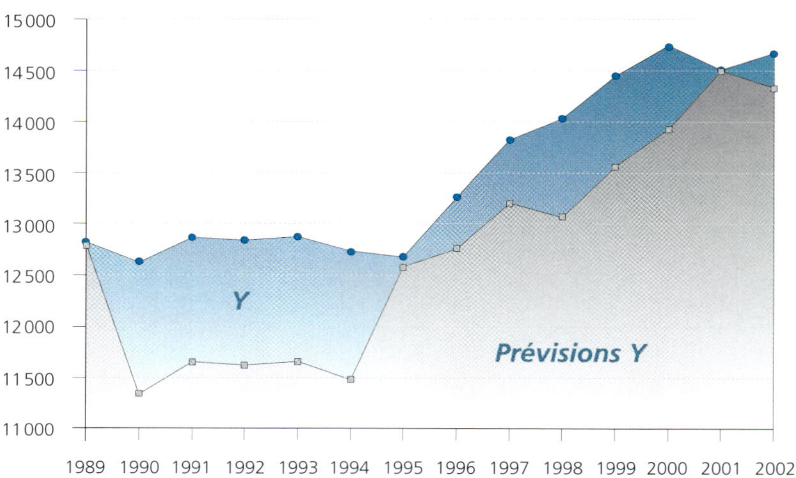


L'écart entre les deux courbes représentant Y et les prévisions pour Y constitue l'ensemble des erreurs e. Plus cet écart est minimal, meilleure sera la régression, donc meilleur sera le modèle.

**Utilisation de la méthode du « choix des régressions optimales »**

Selon cette méthode, le **test** dit **« de Student »** mesure la significativité des coefficients des variables. L'objet de cet essai n'étant pas de décrire les statistiques qui sont excellemment exposées dans les ouvrages spécialisés, nous en adopterons la règle de décision, qui est ainsi exposée : lorsque le résultat du test de Student est supérieur à **+/– 1,96**, on accepte l'hypothèse que la variable explicative est significative, avec une probabilité d'erreur de **5%**.

La significativité d'une variable indique qu'elle a un pouvoir explicatif mathématique sur la variable à expliquer. L'utilisation de cette méthode suppose en principe que le nombre de données, qui correspondent ici au nombre d'années, est de l'ordre de trente, ou supérieur à trente. Or, nous ne disposons que de seize observations (1988-2003). Afin de faciliter notre analyse, nous admettrons néanmoins que la règle s'applique ici, c'est-à-dire qu'à la probabilité d'erreur près de 5%, la variable explicative est significative si le test de Student est supérieur ou égal à +/– 1,96.

Par ailleurs, le modèle est considéré comme de meilleure qualité lorsque la valeur appelée **R**2** est plus proche de **1**.

La méthode retenue est appliquée aux trois variables DDE1, DDE2 et DDE3 respectivement, et PIB, avec les résultats présentés ci-après.

## 2 Résultats obtenus au moyen du logiciel SPAD

Le tableau ci-dessous récapitule les résultats obtenus pour les modèles 1, 2 et 3.

| | PIB | Student | R**2 | Coefficient |
|---|---|---|---|---|
| **Modèle 1** | 1,1382 . DDE3 + e | **10,30** | 0,898 | 1,1382 |
| **Modèle 2** | 1,1711 . DDE2 + e | 9,53 | 0,883 | 1,1711 |
| **Modèle 3** | 1,7708 . DDE1 + e | 7,59 | 0,828 | 1,7708 |

Nous observons que, dans les trois modèles 1, 2 ou 3, toutes les statistiques de Student sont significatives car largement supérieures à 1,96. La meilleure statistique de Student **10,30** est obtenue avec le modèle 1 établi avec la variable DDE3. De plus, la valeur de R**2 la plus proche de 1 provient aussi du modèle 1, avec **0,898**. Nous décidons donc de retenir le meilleur modèle, à savoir celui établi à l'aide de DDE3.

Or, le coefficient de corrélation le plus élevé a été obtenu au chapitre précédent en employant la méthode d'un décalage temporel d'un an entre les données de DDE3 et celle de PIB1. Quel est le modèle économétrique correspondant à ces variables DDE3 et PIB1 ?

| | PIB | Student | R**2 | Coefficient |
|---|---|---|---|---|
| **Modèle 4** | 1,1816 . DDE3 + e | **12,16** | 0,931 | 1,1816 |

Nous constatons que le test de Student est significatif, avec une valeur améliorée par rapport au modèle 1 et égale à 12,16. De plus, ce modèle est meilleur que celui obtenu précédemment, puisque R**2 = 0,931, valeur supérieure à celle obtenue avec le modèle 1. DDE3 offre donc, avec le modèle 4, et d'un point de vue statistique, un pouvoir explicatif important sur la variable PIB1.

Le modèle 4 devient par conséquent le nouveau modèle retenu.

## 3 Introduction au nouveau modèle Y = a . X + c + e

Le modèle 4 revient implicitement à supposer qu'il existe, au plan mathématique, une relation strictement linéaire entre les variables X et Y. Il est possible d'essayer d'améliorer ce modèle en intégrant un facteur explicatif supplémentaire, représenté par **une constante c**. Cette constante représente une valeur indépendante de Y, c'est-à-dire qui ne varie pas avec Y. De même que les autres variables explicatives, elle comporte également une statistique de Student qui permet d'étudier sa significativité, c'est-à-dire la qualité de son pouvoir explicatif sur Y.

## 4 Mise en application du nouveau modèle Y = a . X + c + e

Nous proposons de calculer au moyen du logiciel SPAD le modèle 5 suivant :

**PIB1 = a . DDE3 + c + e**

où c est la constante et e l'erreur. Nous obtenons les résultats ci-dessous :

| | PIB 1 | Student associé à DDE 3 | Student associé à c | R**2 | Constante c | Coefficient |
|---|---|---|---|---|---|---|
| **Modèle 5** | 1,2089 . DDE3 – 3 904,50 + e | 13,938 | 3,330 | 0,9418 | –3 904,50 | 1,2089 |

Nous observons que le test de Student associé à DDE3 est égal à 13,938, valeur encore améliorée : elle est supérieure à celle obtenue avec le modèle 4. Le test de Student associé à la constante c est égal à **3,330**, donc supérieur à +/– 1,96, pour une probabilité d'erreur de 5 %. Par conséquent, DDE3 et c sont des variables significatives dans ce modèle. Le coefficient R**2 est également encore plus proche de 1 que précédemment.

Le modèle 5 devient par conséquent le nouveau modèle retenu.

## 5 Intégration au modèle 5 d'une variable explicative additionnelle

Le lien mathématique établi entre les données de la variable DDE3 et celles de la variable PIB peut-il être amélioré en intégrant les données d'une **nouvelle variable** correspondant aux montants investis en Recherche & Développement ? En France, la Comptabilité nationale publie ce qui s'intitule officiellement « la dépense intérieure de Recherche et Développement (DIRD) ». Un sous-ensemble de la DIRD est constitué de la dépense intérieure de Recherche et Développement des Entreprises, notée RDE, et la dépense totale de Recherche et Développement, notée RDT. Les données correspondantes sont présentées dans le tableau suivant.

| Années | 1992 | 1993 | 1994 | 1995 | 1996 | 1997 | 1998 | 1999 | 2000 | 2001 |
|---|---|---|---|---|---|---|---|---|---|---|
| RDE | 16 134 | 16 340 | 16 551 | 16 649 | 17 131 | 17 357 | 17 632 | 18 655 | 19 348 | 20 782 |
| RDT | 26 229 | 27 003 | 26 995 | 27 563 | 28 091 | 28 005 | 28 724 | 29 885 | 31 438 | 33 570 |

Source : *http://cisad.adc.education.fr/reperes*

Quelle est, des variables RDE ou RDT, la plus représentative ? Pour répondre à cette question, il est proposé de construire deux modèles A et B, prenant respectivement RDE puis RDT en tant que variables explicatives de la variable PIB1. Voici les résultats obtenus au moyen du logiciel SPAD.

| | PIB1 | Student associé à RDE | Student associé à c | R**2 |
|---|---|---|---|---|
| **Modèle A (RDE)** | 0,5868 . RDE + 2211,9941 + e | 8,701 | 1,851 | 0,9044 |

| Constante c | Coefficient | Coefficient de corrélation | Coefficient de corrélation entre DDE3 et RDE |
|---|---|---|---|
| 221,1941 | 0,5868 | 0,95 | 0,89 |

| | PIB1 | Student associé à RDT | Student associé à c | R**2 |
|---|---|---|---|---|
| **Modèle B (RDT)** | 0,3809 . RDT + 1621,1523 + e | 7,528 | 1,111 | 0,8763 |

| Constante c | Coefficient | Coefficient de corrélation | Coefficient de corrélation entre DDE3 et RDT |
|---|---|---|---|
| 1621,1523 | 0,3809 | 0,94 | 0,86 |

Les tests de Student de ces deux modèles sont jugés satisfaisants lorsqu'ils sont supérieurs à +/– 1,96, ce qui est le cas (un peu plus élevé pour le modèle A). Le coefficient R**2 est de préférence le plus proche possible de 1, également meilleur dans le modèle A. Les coefficients de corrélation ont respectivement pour valeur 0,95 et 0,94, encore supérieur en ce qui concerne le modèle A. Ces informations statistiques sont considérées comme acceptables lorsque l'on compare des modèles ayant la même période d'étude, la même variable à expliquer PIB1 et un même nombre de variables explicatives, ce qui est bien notre situation ici.

Le modèle retenu, compte tenu des résultats indiqués, est donc le modèle A, avec les variables RDE et PIB1.

## 6 Amélioration du modèle 5 en intégrant la variable additionnelle RDE

Il peut être judicieux de construire un modèle 6 plus précis que le modèle 5, en y intégrant la variable additionnelle RDE, à condition toutefois que les deux variables explicatives DDE3 et RDE du nouveau modèle soient indépendantes au plan statistique. Le modèle 6 envisagé serait de la forme :

**PIB1 = a . DDE3 + b . RDE + constante**

Cependant, cette indépendance semble peu vraisemblable, en raison de la nature même des données exprimées. En effet, DDE3 représente des nombres de demandes de brevet autochtones, tandis que RDE représente des montants investis en Recherche & Développement (R&D). La dépense intérieure correspond aux travaux de Recherche & Développement exécutés sur le territoire national quelle que soit l'origine des fonds. Elle comprend les dépenses courantes (masse salariale des personnels de Recherche & Développement et dépenses de fonctionnement) et les dépenses en capital (achats d'équipements nécessaires à la réalisation des travaux ainsi que les opérations immobilières). De par la définition économique de la RDE, les frais engagés en matière de protection de la Propriété Industrielle (PI) pourraient être soit intégrés à ces dépenses, soient résulter des travaux de Recherche & Développement, ce qui entraînerait mécaniquement un lien avec le nombre de dépôts de demandes de brevet. Dans le cadre de l'analyse mathématique, nous allons vérifier si les variables DDE3 et DRE sont indépendantes ou non.

Le **test du « chi2 »** permet d'établir ou de vérifier la dépendance entre deux variables. Ce test, ou **statistique du chi2**, est réalisable au moyen du logiciel Excel. Il s'agit de tester les deux hypothèses H0 et H1 suivantes :

- H0 : indépendance des variables DDE3 et RDE;
- H1 : dépendance des variables DDE3 et RDE.

La statistique du test est donnée par la formule X ^ 2 = e (Oi – Ci) ^ 2 / Ci,
avec Oi = effectifs observés,
Ci = effectifs théoriques,
et e = somme des carrés de la différence entre Oi et Ci.

Les tableaux ci-contre illustrent les calculs effectués :

- le tableau 1 présente les effectifs observés;
- le tableau 2 présente les effectifs théoriques;
- le tableau 3 présente les rapports (Oi – Ci) ^ 2 / Ci et leur somme chi2.

Pour obtenir les effectifs théoriques, on calcule le produit du total des colonnes avec le total des lignes, puis on divise ce produit par le total général 312 541. Par exemple, pour la première ligne : (135 962 . 28 978) / 312 541 = 12 606,04796.

La somme des rapports (Oi – Ci) ^ 2 / Ci, soit la statistique de chi2, est de 113,814.

| DDE3 | RDE | | | | | |
|---|---|---|---|---|---|---|
| 12844 | 16134 | 28978 | 12606,04796 | 16371,952 | 4,49158797 | 3,45842531 |
| 12878 | 16340 | 29218 | 12710,45308 | 16507,5469 | 2,20857354 | 1,70055372 |
| 12735 | 16551 | 29286 | 12740,03453 | 16545,9655 | 0,00198952 | 0,00153188 |
| 12682 | 16649 | 29331 | 12759,61049 | 16571,3895 | 0,47206677 | 0,36348118 |
| 13257 | 17131 | 30388 | 13219,42803 | 17168,572 | 0,10678623 | 0,08222308 |
| 13822 | 17357 | 31179 | 13563,5299 | 17615,4701 | 4,92547243 | 3,79250694 |
| 14036 | 17632 | 31668 | 13776,25533 | 17891,7447 | 4,89736086 | 3,77086164 |
| 14456 | 18655 | 33111 | 14403,9911 | 18707,0089 | 0,18779001 | 0,14459424 |
| 14746 | 19348 | 34094 | 14831,61706 | 19262,3829 | 0,49423343 | 0,38054902 |
| 14506 | 20782 | 35288 | 15351,03252 | 19936,9675 | 46,5167381 | 35,8168794 |
| 135962 | 176579 | 312541 | | | | |
| **Tableau 1** | | | **Tableau 2** | | **Tableau 3** | **113,814205** |

La « loi tabulée » du chi2 est présentée dans le tableau suivant.

| | **Alpha (probabilité)** | | | | | | | | |
|---|---|---|---|---|---|---|---|---|---|
| d.d.l. | 0,90 | 0,50 | 0,30 | 0,20 | 0,10 | 0,05 | 0,02 | 0,01 | 0,001 |
| 1 | 0,0158 | 0,455 | 1,074 | 1,642 | 2,706 | 3,841 | 5,412 | 6,635 | 10,827 |
| 2 | 0,211 | 1,386 | 2,408 | 3,219 | 4,605 | 5,991 | 7,824 | 9,210 | 13,815 |
| 3 | 0,584 | 2,366 | 3,665 | 4,642 | 6,251 | 7,815 | 9,837 | 11,345 | 16,266 |
| 4 | 1,064 | 3,357 | 4,878 | 5,989 | 7,779 | 9,488 | 11,668 | 13,277 | 18,467 |
| 5 | 1,610 | 4,351 | 6,064 | 7,289 | 9,236 | 11,070 | 13,388 | 15,086 | 20,515 |
| 6 | 2,204 | 5,348 | 7,231 | 8,558 | 10,645 | 12,592 | 15,033 | 16,812 | 22,457 |
| 7 | 2,833 | 6,346 | 8,383 | 9,803 | 12,017 | 14,067 | 16,622 | 18,475 | 24,322 |
| 8 | 3,490 | 7,344 | 9,524 | 11,030 | 13,362 | 15,507 | 18,168 | 20,090 | 27,877 |
| 9 | 4,168 | 8,343 | 10,656 | 12,242 | 14,684 | **16,919** | 19,679 | 21,666 | 27,877 |
| 10 | 4,865 | 9,342 | 11,781 | 13,442 | 15,987 | 18,307 | 21,161 | 23,309 | 29,588 |
| 11 | 5,578 | 10,341 | 12,899 | 14,631 | 17,275 | 19,675 | 22,618 | 24,725 | 31,264 |
| 12 | 6,304 | 11,340 | 14,011 | 15,812 | 18,549 | 21,026 | 24,054 | 26,217 | 32,909 |
| 13 | 7,042 | 12,340 | 15,119 | 16,985 | 19,812 | 22,362 | 25,472 | 27,688 | 34,528 |
| 14 | 7,790 | 13,339 | 16,222 | 18,151 | 21,064 | 23,685 | 26,873 | 29,141 | 36,123 |
| 15 | 8,547 | 14,339 | 17,322 | 19,311 | 22,307 | 24,996 | 28,259 | 30,578 | 37,697 |
| 16 | 9,312 | 15,338 | 18,418 | 20,465 | 23,542 | 26,296 | 29,633 | 32,000 | 39,252 |

La règle de décision permettant d'interpréter les résultats obtenus s'énonce de la façon suivante, en résumant pour la facilité de la lecture :

– on détermine une probabilité d'erreur **Alpha de 0,05**, correspondant à un risque d'erreur de 5% si l'hypothèse H0 d'indépendance des variables est rejetée;

– on obtient le degré de liberté **d.d.l. = 9** en multipliant le nombre de lignes moins 1 par le nombre de colonnes moins 1 du tableau 1, soit (10 – 1) x (2 – 1) = 9;

– on lit la **valeur critique** au croisement de la colonne Alpha et de la ligne d.d.l., soit 16.919;

– et on compare le chi2 calculé, soit **113,81** avec la valeur critique **16,91**.

– Si le chi2 est supérieur à la valeur critique, on rejette l'hypothèse H0. Par conséquent, l'hypothèse contraire H1 est admise, ce qui signifie que les variables DDE3 et RDE sont dépendantes.

En application de la règle de décision du chi2, nous observons que les variables DDE3 et RDE sont non seulement fortement corrélées (0,89) mais également dépendantes. Il n'est donc pas utile de construire le modèle 6 envisagé, puisqu'il n'y pas indépendance, ni économique, ni statistique, entre les variables DDE3 et RDE.

Il est donc en définitive convenu de retenir le modèle 5, à savoir :

$$PIB1 = 1{,}2089 \times DDE3 - 3904.5 + e$$

Il nous sera permis au chapitre suivant de laisser libre cours à l'« enthousiasme » occasionné par ces résultats, pour oser une simulation hardie !

Chapitre 15

# Essai de simulation du PIB

*L'innovation, c'est une situation que l'on choisit parce que l'on a une passion brûlante pour quelque chose.*
Steve Jobs

L'objectif de ce chapitre est de proposer une **estimation de la valeur de la variable PIB1** pour l'année 2004. L'équation correspondant au modèle retenu entre les variables PIB1 et DDE3 est donnée par la formule suivante :

$$PIB1(t) = 1{,}2089 \times DDE3(t) - 3\,904{,}5 + e$$

avec PIB1(t) = PIB1 à la date t,
DDE3(t) = DDE3 à la date t,
et e représentant l'erreur.

Les données disponibles s'arrêtent à l'année 2003; une première étape consiste à effectuer une simulation de la valeur de DDE3 pour l'année 2004.

## 1 Courbe de tendance de la variable DDE3

Le graphique ci-dessous représente les valeurs prises par la variable DDE3. Nous y observons une tendance croissante globalement régulière sur la période, tendance qui apparaîtrait encore davantage si l'ordonnée commençait à zéro au lieu de 11 000. À l'aide du logiciel Excel, il est possible de tracer une droite représentant l'évolution de la variable DDE3, en faisant l'hypothèse d'une tendance linéaire, comme sur le graphique suivant.

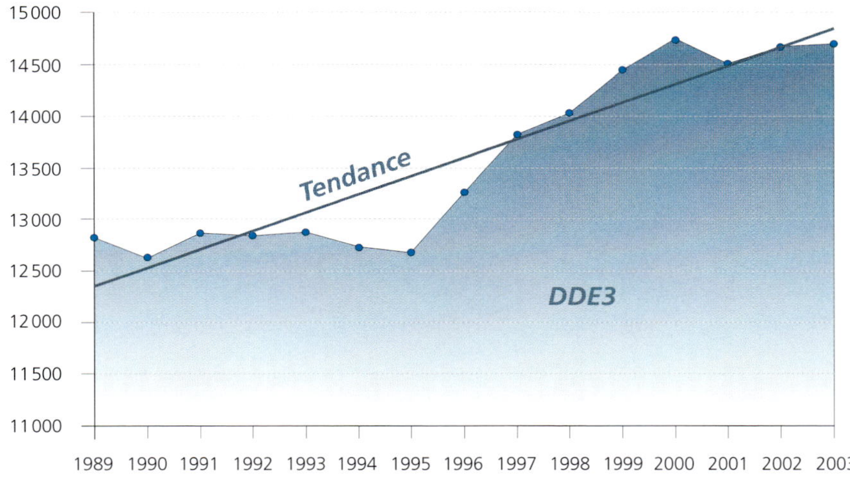

En prolongeant la droite de la tendance, on obtient la valeur de la variable DDE3 pour l'année 2004, notée DDE3(04), comme cela apparaît ci-dessous dans le graphique.

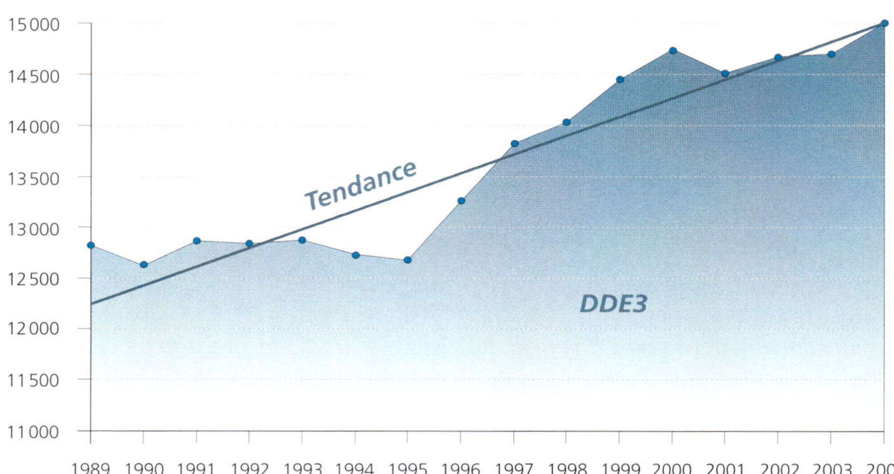


Ainsi, la valeur approchée de DDE3(04) est de **14997**.

## 2 Estimation de la variable PIB1 pour l'année 2004, notée PIB1(04)

En reportant dans la formule du modèle 5 retenu la valeur estimée de la variable DDE3 pour l'année 2004, on effectue le calcul suivant :

PIB1(04) = 1,2089 × 14997,42 – 3904,5 + e = **14225,89** + e.

En valeur approchée, c'est-à-dire en négligeant l'erreur e, on obtient :

PIB1(04) = **14226**

Il est utile, à ce stade, de rappeler que les données utilisées sont exprimées en valeur constante avec pour base l'année 1995. Donc, si la variable PIB1 représente le Produit Intérieur Brut (PIB) de l'année 2004, celui-ci aura une valeur approchée de **14226 centaines de millions d'euros, en volume constant sur la base de l'année 1995.**

Par rapport à la valeur de PIB1(03) de 13 999 (base 1995), on obtient donc un taux de croissance égal à + 1,63 %.

Ainsi, le taux de croissance estimé pour 2004 est de **1,63 %**.

Notre modèle mathématique « acceptant » une erreur de l'ordre de +/– 5 %, l'estimation du taux de croissance devrait plutôt être évaluée dans la fourchette de **1,54** à **1,72 %**.

Notons que cette estimation, obtenue par le calcul et fournie par Siham Lyamoudi dans son rapport du 12 août 2004 et enregistré dans l'enveloppe Soleau n° 208 022 du 1er octobre 2004, propose un taux de croissance inférieur aux prévisions du gouvernement et des instituts officiels.

En effet, le taux de croissance annoncé par le gouvernement pour 2004 est de **2,5 %** ; or les estimations officielles des instituts spécialisés (notamment INSEE, BNP-Paribas, Natexis-Banques Populaires) ont fondu comme neige au soleil au cours de l'été et de l'automne, pour devenir progressivement **2,2 %** ou **2,0 %**, tandis que le gouvernement contre vents et marée maintenait une prévision que plus aucun économiste ne jugeait crédible !

À l'heure où ces lignes sont révisées (décembre 2004) en vue de préparer l'édition de cet essai, le PIB 2004 pour les trois premiers trimestres de l'année n'est plus que de 1,2 %, mais il faudra y ajouter le quatrième trimestre; notre estimation de 1,63 % n'est donc peut-être pas si fantaisiste qu'elle paraît !

Il est également possible de calculer un intervalle de prévision, dit aussi intervalle de confiance, noté IC, de la manière suivante :

IC (Y) = [moyenne – (2 x écart-type) ; moyenne + (2 x écart-type)]

IC (PIB1) = [moyenne (PIB1) – (2 x écart-type (PIB1)) ; moyenne (PIB1) + (2 x écart-type (PIB1))]

= [(12411,21 – (2 x 1037,12)) ; (12411,21 + (2 x 1037,12))]

= [10337 ; 14485]

Nous constatons que la valeur 14 226 appartient bien à l'intervalle de confiance, qui est très étendu, probablement trop étendu pour être exploitable.

Application au résultat obtenu d'un **premier coefficient correcteur** correspondant à l'inflation officielle entre les années 1995 et 2003.

En divisant la valeur courante du Produit Intérieur Brut (PIB) de l'année 2003, soit 15572 par la valeur en euros constants du même Produit Intérieur Brut (PIB) pour la même année 2003, soit 13999, on obtient le coefficient correcteur de 1,1124, qui correspond à un **taux d'inflation de 11,24 %** (entre l'année de base 1995 et l'année 2003).

Il convient dès lors d'appliquer ce coefficient à la valeur estimée de la variable PIB1(04) pour connaître son équivalent, pour l'année 2003, soit 15825.

Donc, si la variable PIB1 représente le **Produit Intérieur Brut (PIB) de l'année 2004, celui-ci aura une valeur approchée de 15825 centaines de millions d'euros**, en volume constant sur la base de l'année 2003.

Application au résultat obtenu d'un **second coefficient correcteur** correspondant à l'inflation officieuse entre l'année 2003 et l'année 2004.

Il convient d'appliquer au résultat précédent le coefficient d'inflation entre l'année 2003 et l'année 2004. Ce coefficient est inconnu à l'heure où ces lignes sont écrites (août 2004) ; il est donc nécessaire d'estimer sa valeur pour l'année en cours, et le résultat sera donc une approximation. De nombreux instituts produisent des évaluations du taux d'inflation pour 2004, à savoir :

- Dexia Crédit : 1,5 % ;
- Banque Populaire : 2,2 % ;
- INSEE Ile-de-France : 1,9 % ;
- Crédit Agricole : un peu moins de 2 % ;
- Banque de France : un peu plus de 2 % ;
- Le Sénat : moyenne des Instituts observés soit 1,7 % ;
- Société Générale : 2,25 %.

On observe une évaluation basse à 1,5 % et une évaluation haute à 2,25 %, avec une moyenne à **1,7 %**, que nous proposons de retenir, avec **2 %** en variante préférée (tandis que le taux de croissance prévu est souvent optimiste aux yeux du gouvernement, le taux d'inflation escompté est au contraire minoré, d'où notre préférence pour 2 %).

Finalement, si la variable PIB1(04) représente le Produit Intérieur Brut de l'année 2004, celui-ci aura une valeur approchée de **16 094 centaines de millions d'euros**, si l'inflation est de 1,7 % en 2004 :

PIB1(04) = 16 094 (base 2004, pour une inflation de **1,7 %**).

Pour une inflation à 2 %, on obtiendrait **16 142 centaines de millions d'euros** :

PIB1(04) = 16 142 (base 2004, pour une inflation de **2 %**).

Notre estimation du PIB 2004 (inflation comprise) est donc en résumé, selon le taux d'inflation, de l'ordre de :

**16 100 à 16 140 centaines de millions d'euros.**

## 3 Impact d'une variation de une unité de DDE3 sur PIB1

Quel serait l'effet sur la variable PIB1 d'un accroissement de une unité de la variable DDE3 ?

Selon une première méthode, pour effectuer ce calcul strictement mathématique, il suffit d'observer le coefficient de DDE3 et sa variation. En effet, si nous posons l'équation suivante, toutes choses étant égales par ailleurs :

$$D\ (PIB1) = a \times D\ (DDE3) + D(c),$$

avec D = différence première, c'est-à-dire la variation.

Puisque la dérivée d'une constante est nulle, D(c) = 0, soit D (PIB1) = a x D (DDE3).

Ainsi, si D (DDE3) = + 1, on obtient D (PIB1)= + **1,2089**.

Plus explicitement, cela signifie que si l'on augmente la variable DDE3 de 1, la variable PIB1 augmente de 1,2089.

Selon une seconde méthode analytique, il convient de calculer le modèle « prime » suivant, basé sur le modèle 5, avec DDE3' égal à (DDE3 + une année), pour chaque donnée annuelle.

$$PIB1 = 1{,}20886 \times DDE3' - 3\,904{,}5.$$

Le résultat fourni au moyen du logiciel Excel apparaît dans le tableau 1 ci-dessous :

| Statistiques de la régression | | | |
|---|---|---|---|
| **Coefficient de détermination R^2 = 0,9418** | | | |
| | **Coefficients** | Erreur-type | **Statistique t** |
| **Constante** | –3 904,5 | 1 172,715 | **–3,3304** |
| **Variable DDE3'** | 1,20886 | 0,086729 | **13,9383** |

Les données annuelles sont détaillées dans le tableau 2 ci-dessous :

| Années | DDE3 | DDE3' | PIB1 (90-03) | PIB1' | (PIB1' – PIB1) |
|---|---|---|---|---|---|
| **1989** | 12 822 | 12 823 | 11 210 | 11 596,78 | 386,78 |
| **1990** | 12 621 | 12 622 | 11 322 | 11 353,80 | 31,80 |
| **1991** | 12 872 | 12 873 | 11 491 | 11 657,22 | 166,22 |
| **1992** | 12 844 | 12 845 | 11 389 | 11 623,37 | 234,37 |
| **1993** | 12 878 | 12 879 | 11 624 | 11 664,48 | 40,48 |
| **1994** | 12 735 | 12 736 | 11 818 | 11 491,61 | –326,38 |
| **1995** | 12 682 | 12 683 | 11 949 | 11 427,54 | –521,45 |
| **1996** | 13 257 | 13 258 | 12 176 | 12 122,64 | –53,35 |
| **1997** | 13 822 | 13 823 | 12 591 | 12 805,64 | 214,64 |
| **1998** | 14 036 | 14 037 | 12 995 | 13 064,34 | 69,34 |
| **1999** | 14 456 | 14 457 | 13 488 | 13 572,07 | 84,07 |
| **2000** | 14 746 | 14 747 | 13 771 | 13 922,64 | 151,64 |
| **2001** | 14 506 | 14 507 | 13 934 | 13 632,51 | –301,48 |
| **2002** | 14 677 | 14 678 | 13 999 | 13 839,22 | –159,77 |
| | | | | Moyenne | **+ 1,20886** |

Dans ce tableau, on note PIB1' la variable PIB1 obtenue quand on a ajouté une unité à la variable DDE3 et (PIB1' – PIB1), la différence entre PIB1' et PIB1. Les données annuelles de (PIB1' – PIB1) apparaissent dans la colonne de droite. Le chiffre au bas de cette colonne, soit **+ 1,2089** représente la moyenne des variations de (PIB1' – PIB1).

Ce chiffre est identique à celui obtenu selon la première méthode. Il est par ailleurs égal au coefficient de DDE3' du tableau 1. Ceci s'explique parfaitement : en effet, nous avions vu auparavant que ce coefficient n'était autre que la variation de la variable PIB1 par rapport à la variation de DDE3.

Nous pouvons donc conclure que la variable PIB1 augmente en moyenne de 1,209 lorsque la variable DDE augmente de 1. Ces calculs statistiques ne signifient nullement que le Produit Intérieur Brut (PIB) de la France augmente de 121 millions d'euros lorsqu'une demande de brevet supplémentaire est déposée ! Ils traduisent, dans l'hypothèse d'une relation établie de causalité entre les données observées, un effet positif de l'innovation sur la croissance.

## 4 Corrélation n'est pas causalité !

Obtenir un coefficient de corrélation positif de **97 %** entre les données correspondant aux demandes de brevet autochtones et celles décalées d'un an du Produit Intérieur Brut n'a d'autre signification que celle fournie par les mathématiques : nous sommes en présence de deux séries concordantes.

En déduire que la croissance du PIB de la France est directement liée à 97 % au nombre de demandes de brevet serait excessif. Ce serait comme affirmer que l'ensoleillement conditionne à 97 % le volume d'eau potable consommé pour apaiser la soif, alors qu'il a été estimé que la conséquence première de l'effet du soleil est l'évaporation naturelle qui entraîne une plus forte irrigation ; s'il y a davantage de soleil, les consommateurs boivent davantage, mais pas uniquement de l'eau ! Et si la consommation d'eau potable augmente, est-ce en raison d'un accroissement du nombre de consommateurs, d'un engouement pour les boissons naturelles, d'une hausse du prix des eaux minérales, d'une forte période de sécheresse, ou d'une combinaison de multiples facteurs ?

**Constater que deux variables sont corrélées n'implique pas qu'il y ait entre elles un lien de cause à effet**, ou un lien exclusif de cause à effet ; certaines corrélations fortuites peuvent être à la source d'interprétations loufoques. Par exemple, le fait que de nombreux malades soient alités conduit-il à penser qu'il faut rester debout pour être en bonne santé ?

Les ouvrages sur les statistiques ont de tous temps regorgé d'exemples sur des corrélations étonnantes qui apparaissent entre deux variables, comme le nombre de taches solaires et celui de la fréquence des crimes aux États-Unis, ou encore l'augmentation de la taille des citoyens japonais et la mesure de la dérive des continents.

Il arrive aussi souvent qu'une forte corrélation entre deux variables indique que ces variables dépendent d'un événement indépendant. L'augmentation des impôts paraît être corrélée à celle de la consommation de bière, ces deux phénomènes résultant en fait d'un accroissement naturel de la population. Un exemple tristement célèbre est celui d'une revue scientifique établissant un lien de causalité entre l'emploi de crème anti-bronzage et l'apparition de tumeurs sur la peau, alors que ces deux phénomènes résultent d'une exposition prolongée au soleil.

Il n'empêche que les simulations, réalisées dès le mois d'août 2004 :

– d'un taux de croissance pour l'année 2004 de **1,63 %**, avec un intervalle de vraisemblance **de 1,54 à 1,72 %** et

– d'un PIB base 95 de **14 226** et en valeur courante **de 16 100 à 16 140 centaines de millions d'euros,**

nous paraissent suffisamment raisonnables, malgré les affirmations gouvernementales, pour être maintenues; au pire, notre marge d'erreur ne sera pas plus importante que celle des « officiels » qui prédisaient un taux de croissance supérieur à 2,5 % !

Et si la croissance officielle pour 2004 – qui sera connue au printemps 2005 – atteignait 2 %, il faudrait s'en réjouir, car cela traduirait un démarrage de l'économie plus important que la tendance observée au cours des dernières années.

Cependant, l'interprétation statistique des résultats obtenus avec les données de Propriété Industrielle (PI), de Recherche & Développement (R&D) et du Produit Intérieur Brut (PIB) ne peut être réduite aux seuls coefficients de corrélation. Nous pensons que les résultats obtenus par les statistiques connaissent leurs limites qui sont imposées par le bon sens et l'observation.

Nous proposons donc de réviser cette méthode mathématique, par une approche radicalement différente du calcul, en prenant en compte des données macroéconomiques issues d'exemples concrets. Ce sera l'objet du chapitre suivant.

Chapitre 16

# IPness = Happyness, ou les brevets de la croissance ?

*Aussitôt qu'on nous montre quelque chose d'ancien dans une innovation, nous sommes apaisés.*
FRIEDRICH NIETZSCHE

L'objectif de ce chapitre est d'observer notre environnement au travers du filtre de la Propriété Industrielle (PI) pour tenter de mesurer son impact dans la vie quotidienne, pour évaluer cet impact en pourcentage du Produit Intérieur Brut (PIB), et pour estimer la contribution financière d'une demande de brevet à l'économie nationale. Nous suggérons de procéder en plusieurs étapes :

– dans une première partie, nous recadrerons notre discussion par rapport au couple innovation/croissance, puis nous ferons un inventaire de quelques appareils qui nous entourent afin d'estimer la Part d'Innovation qu'ils contiennent et nous brosserons un tableau des comportements des consommateurs face au changement, pour terminer par une brève revue politique ;

– dans une seconde partie, nous généraliserons les observations précédentes en proposant les définitions de la Part d'Innovation dans la Valeur d'un Bien (PIVB) et du Cercle Positif Innovant (CPI), et appliquerons ces définitions aux secteurs économiques et au PIB ;

– dans une troisième partie, nous préciserons quelle est la contribution morale et scientifique de la Propriété Industrielle (PI), pour conclure par une estimation de l'impact économique de la Propriété Industrielle (PI) à la croissance du PIB.

## 1 Les consommateurs et les acheteurs

### L'œuf et la poule

Nous souhaitons revenir à notre interrogation initiale sur l'innovation qui serait, aux yeux de nombreux analystes, le « moteur de l'économie ». Quelles sont les thèses en présence, quelles sont les théories les plus couramment développées, quels sont les fondements des affirmations de ces analystes ?

L'économiste David Rosenberg a soutenu la thèse selon laquelle la croissance du Produit Intérieur Brut (PIB) serait **fortement** liée à celle des technologies. La clé de l'énigme que nous essayons de résoudre réside dans l'adverbe « fortement » : quelle est la part du Produit Intérieur Brut (PIB) qui serait **strictement dépendante** de l'innovation, de la Propriété Industrielle (PI) ou du nombre de brevets ?

Et pourquoi ne pas admettre la **thèse inverse** : une économie en bonne santé et une forte croissance n'entraînent-elles pas mécaniquement un accroissement de R&D, d'innovation, et davantage de demandes de brevet ? Avant David Rosenberg, son confrère Joseph Schmookler a montré que la demande de biens et de services entraîne un effort de recherche et d'innovation. **L'innovation est-elle le moteur de la croissance ou est-ce le contraire ?**

Enfin, ne pourrions-nous imaginer une **imbrication des deux phénomènes**, avec un décalage dans le temps des effets de l'un sur l'autre ? Ne devrait-on pas également rechercher les liens de cause à effet **réciproques** entre les dépôts de demandes de brevet et le Produit Intérieur Brut (PIB), même décalé d'une année ? Nous proposons d'envisager une **interaction entre Propriété Industrielle (PI) et croissance du PIB, l'une ayant un impact sur l'autre et réciproquement.**

Les experts ont de tous temps analysé les phénomènes économiques du passé pour bâtir des « modèles » pour l'avenir. Est-ce vraiment possible, compte tenu du nombre très élevé de facteurs explicatifs de toute situation économique impliquant des décisions humaines ? Depuis Joseph Schumpeter, la théorie de la « destruction créatrice » est fondée sur le remplacement d'une technique obsolète par une technique supérieure; cette théorie a connu de nombreuses variantes, et les économistes ont élaboré pour expliquer ces variantes de multiples critères économiques, tels l'obsolescence des produits, la déchéance des innovations, la demande des consommateurs, la R&D horizontale (dite « fondamentale ») et verticale (dite « de développement »), et ont produit des équations complexes qui représentent chacune une vision mathématique d'un monde en perpétuel mouvement.

Pour notre part, fidèles à notre principe de pragmatisme, nous avons le sentiment qu'il nous faut **adopter une approche micro-économique**, afin de compléter les résultats statistiques; de quels moyens disposons-nous pour cela ? Nous pouvons observer les produits nouveaux qui arrivent sur le marché, les innovations qui complètent un produit existant, les inventions majeures (de rupture) qui surviennent parfois; à ces observations s'ajoutent les données chiffrées des taux de redevances de licences de brevet ainsi que l'impact du marketing, de la mode et de la communication publicitaire sur les décisions d'achat, dans tous les secteurs économiques. C'est cette approche que nous allons suivre au cours du présent chapitre.

### Notre quotidien est « baigné » d'innovations

Dès le matin, notre univers est empli d'objets qui comprennent une part d'innovation et qui ont été choisis pour cette raison : par exemple, le réveil dont l'heure s'accorde avec les changements de saison, la cafetière qui s'allume et s'éteint automatiquement pour économiser l'énergie, l'eau de la douche chauffée pour partie au gaz et pour partie au solaire, le rasoir sans fil, la brosse à dents électrique et le dentifrice anti-caries. Aucun de ces objets n'existait à l'identique il y a cinquante ans; chacun d'entre eux a été modifié plusieurs fois et est composé de sous-ensembles qui ont également été améliorés par des innovations, certaines d'entre elles ayant fait l'objet de demandes de brevet.

Considérons la cafetière électrique qui est une invention du siècle dernier; les innovations concernant ce simple appareil ménager ont porté sur la finesse de la mouture du café, sur la texture du filtre à café, sur les dispositifs électriques de mise en route, d'arrêt, de maintien au chaud, sur les matériaux constituant chaque pièce : le résultat est un meilleur café, un compromis dans l'emploi des sous-ensembles retenus et un rapport prix/qualité jamais atteint auparavant.

Les consommateurs qui ont choisi tel modèle de cafetière ont-il été contraints de l'acquérir ? Nous ne le pensons pas, aux effets de mode près, chacun souhaitant disposer d'un appareil produisant un excellent café dans de bonnes conditions économiques et pratiques. Le libre choix du client se porte sur un modèle précis : untel optera pour le modèle « dernier cri » à capsules, untel pour une machine plus classique, en tenant compte de ses goûts, du choix proposé et du coût à l'achat et à l'usage.

Poursuivons notre parcours dans la vie de tous les jours : chaque objet contient une part de nouveauté, et le plus souvent abrite des **générations successives d'améliorations** qui, petit à petit, ont façonné son état actuel. La cuisine, la salle de bains, l'équipement du foyer regorgent d'équipements dont l'aspect, la fonction, l'utilité ont évolué au fil des ans. Il suffit de jeter un coup d'œil autour de soi pour le constater.

Les articles de sport, et particulièrement les chaussures, sont un autre exemple significatif de la contribution de l'innovation dans la conception d'un produit : la lutte que se livrent Adidas et Nike dans la recherche d'un amortissement maximum du choc provoqué par une foulée est exemplaire. Depuis l'introduction en 1979 du coussin d'air dans la semelle des baskets, jusqu'à la chaussure climatisée à microprocesseur prévue pour 2005, la technique innovante a envahi les stades. La part de la recherche est évaluée à **11 %** du prix d'une paire de chaussures, presque autant que le coût de fabrication, qui est de 12 % ! Mais la recherche de l'amortissement des chocs touche peut-être à sa fin : une étude aurait en effet montré qu'un excès de confort fragilise la musculature qui devrait alors fournir plus d'efforts : c'est le moment choisi par l'un des deux acteurs pour innover à nouveau en proposant une chaussure moins amortie qui reproduirait la course pieds nus ! Quels arguments vont trouver les publicitaires pour gommer vingt-cinq ans de promotion de l'amorti ?

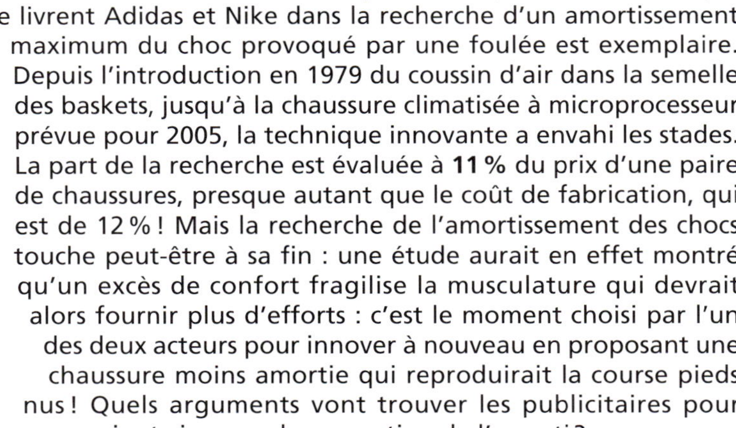

La conclusion de ce survol domestique paraît simple et naturelle : sans innovation, il n'y a pas de nouveau produit, il en résulte moins d'actes d'achat, donc moins de ressources pour en développer d'autres ; à l'inverse, nous observerons que « trop » d'innovation dans un produit effraie une partie de la clientèle, les ventes ne suivent pas et les ressources financières indispensables au développement de nouveaux produits se raréfient.

La voiture, le train ou le bus que chacun emprunte pour aller au bureau ou à l'atelier abritent une « galaxie » d'innovations mécaniques, chimiques, électriques, électroniques ; aucune pièce constitutive d'un moyen de transport n'est demeurée inchangée, du pneumatique au moteur, des sièges aux portières, des coussins de sécurité aux freins. Même le rail de chemin de fer n'est pas constitué du même matériau, ni fabriqué de la même manière, ni posé ou vérifié comme cela se faisait, il y a dix ou vingt ans. Ces évolutions sont rendues possibles grâce au remplacement progressif de générations de produits et grâce à l'usage qui en est fait par la clientèle, qui donne ainsi aux entreprises des moyens nouveaux pour développer la génération suivante. Les techniques de fabrication ont changé, les usines s'automatisent, les contrôles de qualité se généralisent, les moyens de transport modernes intègrent des innovations multiples, utiles et indispensables; utiles, car elles améliorent la sécurité, indispensables, car elles stimulent l'achat du produit ou du service dérivé. Qui achèterait de nos jours une voiture sans anti-blocage ou anti-patinage ? Qui préférerait voyager dans un antique autocar plutôt que dans un véhicule moderne climatisé ? Qui choisirait de passer dix heures dans un train alors que le trajet à grande vitesse ne prend que le tiers de ce temps ? Quelle entreprise survivrait si ses ventes déclinaient durablement, si les profits réalisés ne permettaient pas d'investir en recherche pour développer de nouveaux produits, obtenir des brevets d'invention et mettre sur le marché ces produits ?

Le choix des consommateurs entre des offres concurrentes est en partie dicté par des considérations qui prennent en compte la **composante innovante** du produit.

Pour tout consommateur, la journée se poursuit au bureau ou à l'atelier, et chacun utilise en permanence des outils de travail que les générations antérieures n'auraient pas imaginés : stylos à bille, papier de qualité supérieure, fauteuil ergonomique, téléphone, télécopieur, ordinateur, réseaux informatiques et Internet, machines à commande numérique, robots de fabrication, téléconférence, etc.

De retour au domicile, chacun va encore utiliser d'innombrables appareils ou équipements domestiques : ampoules électriques à basse consommation, réfrigérateur, four à micro-ondes, plaques de cuisson, lave-vaisselle, aspirateur centralisé à turbine, volets électriques, etc. Et si le temps le permet, la cuisine se déplacera vers le jardin pour un barbecue employant un charbon de bois classique mais fabriqué selon une technique moderne, pendant que l'arrosage à commande électronique diffusera l'eau goutte à goutte pour une nouvelle variété de rosiers.

Toute journée est ainsi jalonnée d'actes qui impliquent l'usage de produits mettant en œuvre à des degrés divers des innovations, y compris les perfectionnements. Il en va ainsi de tous les gestes du quotidien, dans tous les domaines, y compris l'usage de services et de procédés. **L'innovation est omniprésente !**

### Quelle est l'attente du consommateur, ou plus exactement quelles sont les attentes des différentes « catégories » de consommateurs ?

Si un fabricant n'imaginait plus d'innovations et proposait encore et toujours le même appareil, les clients abandonneraient peu à peu son produit pour se tourner vers celui d'un concurrent plus imaginatif; les spécialistes du marketing expliquent que tout produit connaît un cycle de vie qui se caractérise par une montée en puissance suivie d'un palier puis d'un déclin jusqu'à son remplacement par une nouvelle génération.

Si, au contraire, un constructeur ne proposait que des modèles futuristes, d'avant-garde ou comportant des fonctions nouvelles trop complexes à mettre en œuvre, sa part de marché n'augmenterait presque pas, car seule une partie de la clientèle est avide des dernières nouveautés : les consommateurs appartiennent à différents « socio-styles » selon leurs comportements d'achat.

Les clients arbitrent entre des paramètres techniques, esthétiques et économiques, en fonction de leurs goûts, de leurs habitudes, de leurs styles de vie, certains plus traditionnels privilégiant le « classique » et d'autres plus aventureux le « moderne ». Les choix et les décisions d'achat dépendent de critères variés parmi lesquels le caractère innovant d'un produit joue un rôle non négligeable, et donnent aussi aux constructeurs un signal sur la marche à suivre en matière de politique produits et de développement de produits nouveaux.

Certains philosophes quelques peu désabusés affirment que seul le marketing entraîne les ventes et que les consommateurs ne seraient que des moutons obéissant aveuglement aux injonctions de la publicité : l'ouvrage *Les Mensonges de l'économie*, de John Kenneth Galbraith, illustre notamment cette prétendue absence de liberté ou de discernement des consommateurs; nous sommes plus optimistes et estimons que les acheteurs sont souvent bien plus sages, réfléchis et mesurés qu'on l'affirme ! Ils souhaitent cependant une certaine dose d'évolution, et si l'on reprend l'exemple du café matinal, on constate qu'au-delà des effets de mode ou de publicité, les cafetières produites depuis cinquante ans ont considérablement évolué, intégrant progressivement diverses innovations techniques (et aussi d'ailleurs esthétiques).

Les Français ont, face à l'innovation, **une attirance nettement teintée de prudence**; quatre sur dix sont très attirés ou assez attirés par les produits innovants, selon l'enquête « Conditions de vie et aspirations des Français » publiée en 2003 par le Credoc et dont nous citons quelques conclusions : à côté des 23 % d'« amateurs comblés » et des 6 % de « pionniers impatients », on trouve les 31 % de « réservés », les 38 % de « réfractaires ou dépassés », puis les 2 % d'« indifférents ». Cette étude a également mis en lumière une attirance des Français pour les produits qui **simplifient la vie quotidienne**, et a conforté l'idée que la nouveauté est considérée avec une certaine curiosité mêlée de beaucoup de sagesse.

### La peur du changement, ses racines mais également ses justifications : de multiples causes psychologiques et structurelles

En premier lieu, les analystes du comportement confirment que l'appétence pour l'innovation et le progrès s'accompagnent chez chacun de craintes face aux bouleversements rapides de la société, bouleversements accélérés par le phénomène de « mondialisation ».

Il ne serait pas approprié, dans le cadre de cet essai, de s'esbaudir sur les évidents bienfaits du progrès sans s'interroger sur le « revers de la médaille » et sur la peur du changement que tout citoyen ressent à des degrés divers et selon les circonstances.

À titre liminaire, il est admis et reconnu qu'une **part d'égoïsme** amène toute personne à mieux accepter les réformes imposées aux autres que celles qui la concernent, surtout lorsqu'elles sont contraignantes. Par exemple, un nouvel impôt qui s'ajoute aux autres impôts, redevances, contributions et taxes est jugé utile par la plupart de ceux qui n'ont pas à l'acquitter ! Par exemple, l'obligation faite aux conducteurs et aux passagers du port de la ceinture de sécurité a été critiquée par des générations d'automobilistes, et le port du casque par les motards. La France d'aujourd'hui se caractérise par une **psychose face au changement** dont les origines remontent notamment à la forte expansion qui a suivi la Seconde Guerre mondiale, et qui freine tout processus réformateur, d'autant plus qu'une image négative du succès est entretenue depuis des siècles dans l'inconscient collectif.

Le chômage, quelques malversations financières et le souvenir des Trente Glorieuses ont forgé **une ambiance de crainte de l'avenir, de repli sur soi et d'attentisme**.

La situation internationale, notamment en raison de l'accès immédiat à toutes les informations, et la mondialisation **ont accentué le sentiment d'insécurité et la crainte de l'avenir**, alimenté par les délocalisations d'entreprises.

À cela s'ajoute **l'efficacité très relative des multiples organisations internationales**, telles l'Organisation des Nations unies (ONU), l'Organisation mondiale de la santé (OMS), l'UNICEF, la Banque Mondiale (BM) ainsi que d'autres organismes européens.

Plus grave, les **dysfonctionnements de quelques appareils bureaucratiques** qui échappent à tout contrôle sont tels qu'ils causent parfois une aggravation des maux qu'ils sont supposés combattre : la revue *Nature* (19 août 2004) affirme que « l'excès de bureaucratie, les salaires qui absorbent la majeure partie de l'aide internationale, l'achat en trop petite quantité des médicaments, [...] sont responsables de l'aggravation de l'épidémie de paludisme », qui cause plus de un million de morts par an !

**Les jeunes générations**, confrontées au chômage et au déferlement ininterrompu d'informations alarmantes, sont plus que leurs aînées soumises à des pressions psychologiques difficiles à surmonter et nous partageons leurs justes soucis. Par chance, l'immense majorité des agents de l'État, des organisations européennes ou internationales, ou des dirigeants d'associations caritatives ont une **haute idée de leur mission**, qu'ils conduisent avec conscience, dévouement et souci du service public ; l'instauration d'instances de contrôle et leur travail souvent efficace permettent progressivement d'améliorer le fonctionnement des institutions gouvernementales ou non gouvernementales.

Des abus ont aussi été commis par certains industriels inconséquents : alimenter des bovins par essence herbivores avec des farines animales à base de poissons ou proposer à des enfants des repas constitués exclusivement de viande grillée, de frites et de sodas sucrés constituent des absurdités qui rompent brusquement avec des habitudes alimentaires millénaires et ayant fait leurs preuves. Reproduire par clonage des cellules humaines ou animales, à des fins autres que thérapeutiques et hors du cadre des lois en vigueur, est une faute contre nature. **La technologie facilite notre quotidien, mais il importe d'en contrôler toute dérive.** Reconnaissons toutefois que la plupart des entreprises ont un comportement conforme aux lois et aux attentes de la société, et qu'ici aussi les instances de contrôle permettent d'améliorer la situation.

La peur du changement provient aussi du souhait naturel de tout être humain de **préserver** son environnement, ses acquis, son bien-être. Qui souhaiterait travailler 10, 20 ou 30 ans pour bâtir un foyer, posséder une maison, donner à ses enfants éducation et soins, pour voir tout ceci remis en question du jour au lendemain ? Chacun désire améliorer sa situation et refuse l'idée de la voir un jour se dégrader. L'allongement bénéfique de l'espérance de vie contribue aussi à alimenter le **conservatisme** ambiant car, à de rares exceptions, les personnes du troisième âge ont le souhait parfaitement compréhensible de maintenir les choses en l'état et de façon surprenante appréhendent l'avenir plus que d'autres. Un constat s'impose : **l'environnement n'est pas propice à la prise de risque que représente toute innovation, ou l'acceptation de tout projet de réforme**.

**Quelles sont les évolutions récentes de cette situation ?**

Les dysfonctionnements et les craintes qui ont été évoqués ci-dessus conduisent à entretenir un **climat général d'impuissance et de laisser-aller**, alors que les technologies modernes nous permettent au contraire d'avoir une meilleure prise sur les événements. Comprendre ce phénomène de résistance collective au changement souvent bien légitime, c'est déjà mieux l'accepter.

Il convient cependant de **ne pas caricaturer outre mesure la situation** : tout n'était pas mieux dans le temps ! Le monde moderne a toléré un impressionnant lot d'horreurs (les mines antipersonnel, les massacres ethniques, le terrorisme religieux, l'exploitation des enfants sous diverses formes, les dérives sexuelles et pédophiles, etc.), qu'il convient de dénoncer, de combattre et d'éradiquer; de nombreuses associations luttent avec succès contre ces échecs de l'humanité, bien que leur action reste encore marginale.

Les États se combattent depuis des millénaires et chacun garde en mémoire les monstruosités du nazisme et du communisme, fléaux du XXe siècle, qui ont chacun coûté la vie à des dizaines de millions d'innocents; la montée en puissance de règles juridiques internationales, et notamment du droit d'ingérence, permet dans certains cas de mettre un terme à des tensions; l'évolution, quoique lente, du **judiciarisme international** est en marche. Les techniques d'information et d'analyse modernes nous permettent aujourd'hui de connaître mieux et plus rapidement les conflits, d'en diffuser l'analyse et d'y apporter, souvent avec retard il est vrai, des correctifs. Le réseau informatique mondial permettra, selon Jacques Vallée, d'évoluer vers un management distribué, mais il y a encore « beaucoup de chemin à faire pour mettre toute la richesse d'Internet à la portée de tous ».

On constate, ici ou là, quelques **initiatives pour développer des pôles de compétences**, notamment en biotechnologie, à laquelle se consacrent une centaine d'entreprises ayant chacune levé plus de un million d'euros pour financer leur développement; ce secteur croît à raison de plus de 20 % par an en moyenne depuis quinze ans, mais la modestie des investissements français conduit la plupart des entreprises concernées à être absorbées ou rachetées par des firmes à capitaux étrangers : la recherche est d'origine française, puis lorsque l'entreprise se développe, elle passe sous le contrôle d'une autre !

Diverses améliorations récentes ont été apportées au dispositif français de soutien à l'innovation : possibilité accrue pour un chercheur public d'entreprendre, réforme du crédit d'impôt recherche et statut de l'entreprise innovante, mais ces mesures sont cantonnées à des domaines trop limités pour avoir un impact global sur l'activité de toutes les entreprises.

## 2 La PIVB

### Peut-on évaluer la part d'innovation dans la valeur d'un produit ?

En évoquant les exemples précédents, nous avons observé que la quantité d'innovation incluse dans un produit dépend du produit considéré et donc de son fabricant; il est souvent noté que l'adjonction à un produit donné de la dernière innovation le concernant compte pour une part variant entre **1 et 15 %** de son coût de production, selon le niveau inventif du perfectionnement et selon les adaptations qu'il faut réaliser pour l'intégrer.

Par exemple, si l'innovation consiste à ajouter une horloge dans une cafetière pour programmer l'heure du café, il est concevable d'imaginer que cette addition pourra être opérée aisément et, dans ce cas, la part d'innovation apportée par l'horloge sera voisine de 1 à 5 %. S'il s'agit au contraire d'incorporer un dispositif électronique de filtrage de l'eau pour contrôler sa qualité, cette innovation nécessitera une refonte complète de l'appareil et, alors, la part d'innovation sera de 10 à 15 % de la totalité du produit. Cet exemple illustre **la variabilité de la part d'innovation** dans un produit ou dans ses améliorations successives.

Le taux de 3 à 10 %, parfois 12 ou 15 %, est d'ailleurs également celui retenu dans la plupart des contrats de licence de brevets, ce qui revient à **confirmer sa vraisemblance**, puisqu'un contrat de licence met en présence **deux partenaires aux intérêts différents**, l'un concédant une licence, donc intéressé par une valorisation maximum du taux de redevance, l'autre concessionnaire de cette licence, donc intéressé au contraire par une valorisation minimum de ce taux : l'accord conclu entre les parties étant significatif d'un compromis accepté sur la valorisation de l'innovation objet du contrat.

Nous retiendrons donc pour la suite de ce chapitre qu'une invention, objet d'une demande de brevet ou d'un brevet délivré, peut être évaluée raisonnablement dans la plupart des cas comme contribuant de **1 à 15 %** à la valeur du produit final. Est-il possible de resserrer les limites de cette estimation pour en proposer une évaluation au plan national ?

### Comment estimer la Part d'Innovation dans la Valeur d'un Bien (PIVB) ?

Comment pourrions-nous mesurer pour chaque produit, la proportion que représente l'innovation en valeur, par rapport à la valeur totale de ce produit ? Répondre à cette question, c'est chercher plus généralement quelle est la contribution de l'innovation au chiffre d'affaires des entreprises et, encore plus globalement, quelle est l'estimation aussi réaliste que possible de l'innovation dans le Produit Intérieur Brut (PIB).

Pour certains produits, par exemple le stylo à bille, l'invention de base a été faite il y a quelques décennies ; à cette époque, comme dans toute innovation « de rupture », le produit était entièrement nouveau, la presque intégralité du montant des ventes apportait un surplus au fabricant et contribuait au Produit Intérieur Brut (PIB), **la Part d'Innovation dans la Valeur du Bien (PIVB) était supérieure à 15 %**. Aujourd'hui, qui échangerait un stylo à bille pour un porte-plume, malgré son charme désuet, lorsqu'il s'agit de travailler rapidement ? Les années ont passé et des améliorations successives dans la bille, l'encre, et à tous les stades de la fabrication ont rendu cet instrument d'écriture indispensable et très bon marché, sonnant le glas des pleins et déliés ; progressivement, la part de l'innovation a diminué et représente **3 à 8 %** de la valeur du stylo.

Par conséquent, la Part d'Innovation dans la Valeur du Bien (PIVB) varie dans le temps : plus importante lors du lancement d'un produit nouveau, elle décroît avec l'amortissement des outils de production, pour augmenter par paliers lors de l'introduction des générations de perfectionnements et se poursuivre ainsi par vagues successives tout au long de la vie du produit. Le calcul précis de la PIVB dépend étroitement de chaque produit, de son cycle de vie et des améliorations qui lui sont apportées, jusqu'au lancement d'un produit de remplacement ou de substitution.

Il est donc difficile de chercher à déterminer avec précision la contribution de l'innovation au Produit Intérieur Brut (PIB), **chaque produit ou service y contribuant de façon variable dans le temps**. C'est sans doute la raison pour laquelle cette contribution fait l'objet si souvent d'une déclaration de principe, mais sans chiffrage très précis. Essayons au moins d'en donner une **évaluation vraisemblable**.

Pour rendre la situation encore plus complexe, la Part d'Innovation dans la Valeur du Bien (PIVB) d'un télécopieur ou d'un ordinateur de bureau est plus difficile à calculer que celle d'un stylo, car ces appareils sont constitués de plusieurs sous-ensembles provenant de constructeurs différents et qui intègrent de multiples micro-innovations ou « **micronovations** » apparues à divers stades de fabrication. Il faudrait connaître, pour chaque sous-ensemble, sa propre PIVB et appréhender ainsi sa contribution au Produit Intérieur Brut (PIB) de son pays d'origine, tâche herculéenne lorsqu'il s'agit de produits aussi complexes qu'un appareil électronique.

### Le Cercle Positif Innovant (CPI) et son corollaire

Comment décrire plus précisément le phénomène de relation réciproque entre l'innovation et le développement d'une entreprise ? Nous proposons d'introduire un nouveau concept décrivant les flux économiques au sein des entreprises.

Les innovations intégrées aux objets nouveaux, qu'elles répondent à la demande de la clientèle ou correspondent aux décisions des fabricants, déclenchent les ventes et augmentent le chiffre d'affaires des constructeurs qui disposent alors de ressources pour développer de nouvelles inventions.

Nous suggérons de poser ainsi l'équation suivante du Cercle Positif Innovant (CPI) :

> Innovation protégée + offre d'objets marchands
> ⇔ chiffre d'affaires + développement d'innovations

Rappelons que seule l'innovation protégée par un titre de Propriété Industrielle (PI) est susceptible de récompenser l'inventeur et de lui apporter, grâce au **minipole**, des revenus privatifs et exclusifs ; le minipole a une durée limitée dans le temps (vingt ans pour un brevet), il est restreint aux pays dans lesquels la demande de brevet a été déposée puis le brevet obtenu, sous réserve du paiement des annuités de maintien en vigueur. Il s'agit pour l'inventeur ou le fabricant de valoriser son brevet, tout en le maintenant en vigueur : c'est l'objet des politiques de Propriété Industrielle (PI) des entreprises, encore appelées Valorisation de l'Innovation Acquise Grâce au Renouvellement des Annuités (VIAGRA).

L'équation du Cercle Positif Innovant (CPI) a aussi son **corollaire**, qui traduit le défaut de politique d'innovation d'une entreprise et nous suggérons de poser ainsi l'équation du **Blocage Innovant Négatif (BIN)** :

> Absence d'innovation protégée ⇒ offre restreinte de produits ⇒ baisse de chiffre d'affaires ⇒ incapacité de financer le développement d'innovations nouvelles

Une innovation non protégée et non valorisée ne permet pas à son inventeur d'en retirer un bénéfice durable susceptible de lui permettre de rechercher d'autres innovations.

**Peut-on appréhender la Part d'Innovation dans la Valeur d'un Bien (PIVB) par secteur économique ou encore plus globalement, au plan national ?**

Nous proposons de donner quelques illustrations de la PIVB dans certains secteurs de l'économie.

**Dans le secteur de la santé**

L'allongement de la durée de vie, l'amélioration des techniques opératoires, une meilleure efficacité des médicaments, les balbutiements prometteurs de la thérapie génique sont des preuves patentes des progrès réalisés au cours des récentes décennies ; ces résultats exceptionnels ont pour origine une intensification sans précédent des efforts de R&D de tous les acteurs, dont les laboratoires pharmaceutiques, grands et petits. Rappelons que la publicité institutionnelle des « majors » du secteur pharmaceutique est souvent axée sur l'innovation. Tous les médicaments et leurs procédés de fabrication ont fait l'objet de demandes de brevet, de brevets et de certificats complémentaires de protection (CCP), y compris ceux devenus génériques. Les frais de recherche et de mise sur le marché ont pour conséquence un coût élevé des médicaments et personne ne contestera que la Part d'Innovation dans la Valeur du Bien (PIVB) d'une spécialité pharmaceutique est importante ; on peut avancer sans risque d'erreur qu'elle représente **plus de 10 %** du prix payé par le patient, certains laboratoires consacrant à la recherche, tous frais confondus, largement plus de **10 %** de leur chiffre d'affaires.

**Dans le domaine des communications**
L'électricité et l'électronique ont entraîné depuis cinquante ans, mais particulièrement au cours des dernières années, la mise au point d'innombrables appareils ou systèmes de communication qui sont à la disposition de tous. Téléphones, télex, télécopieurs, satellites, réseau Internet, services de visioconférence, etc. sont quelques-uns des équipements que nous utilisons, directement ou indirectement, pour communiquer et recevoir des informations ; la pêche, l'agriculture, l'élevage sont devenus des clients majeurs des nouvelles technologies. La PIVB incorporée à ces moyens de communication représente souvent plus de **5 à 15 %** de leur coût.

**Dans le secteur des transports**
Les avions, les hélicoptères, les navires, les automobiles, les autobus, les trains, les motos, les scooters et même les bicyclettes sont truffés d'innovations ; chaque module, chaque partie constitutive, chaque composant de ces véhicules utilise divers dispositifs innovants des plus élaborés, pour assurer un fonctionnement sûr dans des conditions économiques réalistes. Ici encore, la Part d'Innovation dans la Valeur du Bien (PIVB) dépend de facteurs multiples et interdépendants et ne peut être évaluée avec précision; il est cependant établi que cette part est très supérieure à la valeur plancher de **1 %** et qu'elle se situe entre **5 et 15 %** du prix des véhicules, parfois davantage.

### En est-il de même de tous les secteurs économiques ?

Il est vrai que certains secteurs de la vie économique semblent être moins porteurs d'innovation que d'autres et reflètent davantage la tradition et le savoir-faire des professions concernées.

Il s'agit de l'artisanat, des services et des productions domestiques et des productions non marchandes. La PIVB des produits et services de ces secteurs est plus souvent voisine de **1 % à 5 % que de 10 ou 15 %**.

En ce qui concerne l'artisanat et les services, il serait cependant absurde d'affirmer qu'ils n'impliquent aucune innovation technique. Tel peut être encore le cas dans certains métiers dont l'activité relève davantage du droit d'auteur comme les artistes interprètes, pour lesquels l'innovation réside dans le génie humain et n'est pas de nature technique, donc ne peut faire l'objet d'une demande de brevet. Mais les artisans innovent chaque jour, même s'il s'agit parfois de perfectionnements incrémentaux, et les activités de service génèrent des trésors d'ingéniosité, même si à l'heure actuelle (en France) les inventions relatives aux méthodes commerciales ne sont pas brevetables. Cependant, pour que cet essai conserve son objectivité, il convient de soustraire du Produit Intérieur Brut (PIB) la partie qui ne relève pas directement des innovations techniques susceptibles d'être protégées au moyen de la Propriété Industrielle (PI) et que nous proposons d'estimer ci-après, selon une méthode empirique fondée sur le bon sens et l'observation.

Les « branches » du PIB, selon la définition officielle reprise dans la Comptabilité nationale, incluent l'agriculture, la sylviculture et la pêche, l'industrie, la construction, les services principalement marchands, les services administratifs, les services d'intermédiation financière ; le tableau suivant (source INSEE année 2003, mise à jour du 27 avril 2004 en milliards d'euros base 1995) – **en estimant quel est le pourcentage de chaque branche qui peut être concerné par l'innovation technique**, à raison de 50 % pour l'ensemble des services, pour l'agriculture, la sylviculture et la pêche, et de 75 % pour l'industrie et la construction – donne le résultat approché suivant pour la contribution nationale :

| Branches du PIB | PIB 2003 (en milliards d'euros) | Pourcentage | Contribution (en milliards d'euros) |
|---|---|---|---|
| Agriculture, sylviculture et pêche | 36,4 | 50 % | 18,2 |
| Industrie | 279,1 | 75 % | 209,3 |
| Construction | 53,5 | 75 % | 40,1 |
| Services principalement marchands | 661,2 | 50 % | 330,6 |
| Services administratifs | 262,4 | 50 % | 131,2 |
| Services d'intermédiation financière | –35,3 | 50 % | –17,6 |
| **TOTAL** | **1 257,3** | - | **712,2** |

On obtient, en effectuant le rapport du total 1 257,3 par la contribution 712,2, pour l'année 2003, une évaluation de l'ordre de 57 % du total du PIB qui serait plus directement liée à l'innovation technologique, soit environ 60 % du PIB. Nous suggérons donc, sur la base de cette estimation quelque peu hardie, de considérer qu'**environ 40 % du PIB ne sont pas directement liés à l'innovation technique susceptible d'être brevetée** et de modérer l'évaluation de la PIVB qui serait retenue au plan national, ce qui permettra de comparer l'évaluation résultante à la totalité du PIB.

**En conclusion, une estimation moyenne prudente de la PIVB au plan national serait de 60 % de la fourchette de 5 à 15 %, soit de l'ordre de 3 à 9 % du PIB, avec une valeur médiane à 6 %.**

## 3 Les contributions positives de la Propriété Industrielle (PI)

À bien des égards, la Propriété Industrielle peut contribuer à favoriser l'acceptation par les consommateurs du changement, au plan moral et légal, au plan technique, au plan scientifique, ainsi qu'au plan économique; fournissons-en quelques illustrations.

### Au plan moral et légal

La Propriété Industrielle (PI) ne reconnaît pas la brevetabilité des inventions « **contraires à l'ordre public ou aux bonnes mœurs** », même si cela peut paraître à certains désuet, cette disposition constitue une garantie fondamentale pour la société. La Propriété Industrielle (PI) est fondée sur un principe universel d'éthique : l'aspect moral du progrès technique est ainsi affirmé, sous le contrôle des offices de brevets, et est de nature à rassurer les citoyens.

Outre cet élément légal, la recherche d'innovations technologiques est dans tous les domaines (par exemple lutte contre le paludisme, recherche en matière de maladies génétiques, diffusion des découvertes) un moyen efficace de ne pas rester inactifs face aux défis de la science, de trouver des remèdes aux maladies, en un mot de **contribuer au progrès**.

En outre, la Propriété Industrielle (PI) participe à une **meilleure démocratie** : rien n'échappe désormais à personne, le secret n'existe plus; chaque citoyen sait tout, tout de suite : disposer instantanément d'un nombre incontrôlable d'informations a de quoi donner le tournis, même si en principe c'est un progrès pour la démocratie, au sens littéral du terme, et c'est maintenant au citoyen d'apprendre à classer et à filtrer ce qui lui est utile parmi l'avalanche d'informations quotidiennes; la veille technologique permet de répondre à ce souci de classement et de filtrage, pour ce qui concerne la Propriété Industrielle (PI).

Enfin, **l'intérêt général est sauvegardé** : dans le cas où la santé publique l'exige, le gouvernement peut prendre des mesures pour « nationaliser » l'invention ou rendre son accès disponible à tous, au moyen de licences obligatoires. Le minipole du titulaire de la demande de brevet ou du brevet délivré ne constitue jamais un obstacle à la raison d'État !

### Au plan technique

La Propriété Industrielle (PI) contribue au **développement des connaissances** : la publication des demandes de brevet dix-huit mois après leur dépôt est une source inépuisable de connaissances pour la communauté mondiale et constitue la première source de veille technologique pour les entreprises : un entrepreneur qui ne surveille pas la concurrence par ce moyen se prive d'une mine d'informations gratuite et fiable. On peut affirmer qu'avec les publications scientifiques, la Propriété Industrielle (PI) est en « pole position » dans le domaine de la diffusion du savoir humain.

Le réseau Internet est devenu pour chacun l'outil indispensable à toute recherche grâce à la dissémination de millions d'ordinateurs en réseau virtuel; la photographie, le cinéma, les lecteurs de compact-disques et de vidéo-disques sont à la fois de grands clients des nouvelles technologies et des instruments de diffusion de musiques, d'images et aussi d'informations. Le minipole du titulaire d'une demande de brevet ou d'un brevet représente pour la collectivité un atout supplémentaire dans la masse des acquis techniques.

**Au plan scientifique**

Pour rassurer certains chercheurs publics soucieux à juste titre de la qualité de la recherche, et si l'on se réfère à l'étude conduite par le CESPRI, le recours au brevet d'invention ne conduirait **ni à diminuer la qualité de la recherche scientifique ni à différer anormalement la publication des résultats au sein de la communauté scientifique**. Les travaux de plus de 1 300 chercheurs sur une durée de 30 ans ont ainsi été passés au crible, dans la chimie et les nanotechnologies ; la rivalité brevet/publication ne serait nullement établie ou confirmée, bien au contraire, car il semblerait qu'une plus importante « attirance » vers le brevet entraîne *de facto* une propension plus élevée à publier (une fois bien entendu que le dépôt de la demande de brevet a permis de prendre date), ceci sans diminution de la « qualité » intrinsèque de la publication. Les résultats de cette étude sont à interpréter avec prudence, mais optimisme, et ne s'appliquent qu'aux domaines brevetables de la recherche scientifique.

En conclusion, la Propriété Industrielle (PI) est plus de nature à **rassurer les citoyens** qu'à les effrayer ; de par sa nature légale et morale et grâce aux contributions techniques et automatiques au progrès individuel et collectif, elle présente des avantages et des garanties.

**Au plan économique**

Nous avons vu précédemment que la PIVB par produit et selon le secteur économique peut approcher une valeur comprise entre **1 et 15 %** du coût des produits et services, parfois plus ; compte tenu également des activités traditionnelles de certaines branches économiques qui ne seraient pas concernées par l'innovation technologique, nous proposons de retenir une estimation moyenne prudente de la **PIVB au plan national de l'ordre de 3 à 9 % du PIB**.

Notons que cette PIVB au plan national est supérieure à la part de la R&D dans le Produit Intérieur Brut (PIB), qui est de l'ordre de 1,5 % pour les entreprises seules et de 2,5 % pour la totalité de la Recherche française ; ceci ne nous surprend pas, si l'on tient compte des effets induits de l'innovation d'une entreprise sur ses fournisseurs, sous-traitants, distributeurs et licenciés, le développement de produits nouveaux ayant un effet multiplicateur favorable au plan économique sur l'ensemble des partenaires de l'entreprise, y compris ses propres collaborateurs, qui doivent selon le Code de la Propriété Intellectuelle recevoir une rétribution supplémentaire.

En revanche, la **contribution inverse du PIB au développement de l'innovation** semble plus difficile à quantifier. Une économie en développement favorisera tout naturellement la R&D, donc l'innovation protégée, mais dans quelle proportion ? Faut-il retenir le calcul issu des mathématiques, soit une proportion très forte de l'ordre de 97 % ou moins ? Au contraire, une économie en récession aura une tendance naturelle à moins investir, mais dans quelle proportion ? De quelles observations pourrions-nous disposer pour évaluer cette contribution ? Avouons qu'à ce stade de l'analyse, il ne nous est pas possible de donner une **estimation fondée sur autre chose que l'intuition** : à notre avis, le développement de l'innovation est basé sur une **triple contrainte** :

– la pression du marché et de la concurrence, ou l'ardente obligation à innover à laquelle est confronté tout industriel ;

– les ressources financières disponibles pour la R&D, acceptées par les actionnaires ;

– les équipes d'inventeurs et de chercheurs.

Nous estimons que ces trois facteurs contribuent à égalité au développement de l'innovation, soit pour chacun de l'ordre de **33 %**.

Au cours du prochain et dernier chapitre, nous présenterons quelques recommandations pour la société française et l'univers de la Propriété Industrielle (PI), nous fournirons une estimation chiffrée de l'apport d'une demande de brevet au PIB décalé d'un an et à l'entreprise et nous répondrons à la question « essentielle » servant de titre à cet essai : IPness = HAPPYness ?

Chapitre 17

# Vitaliser la société française

*If you have an apple and I have an apple and we exchange these apples,*
*then you and I will still each have one apple.*
*But if you have an idea and I have an idea and we exchange these ideas,*
*then each of us will have two ideas.*
George Bernard Show

Année après année, la plupart des pays comparables réussissent mieux que la France, à la fois en terme de croissance, comme l'établissent de multiples rapports, et dans le domaine des brevets, comme le montre le nombre de demandes de brevet par millions d'habitants.

L'omniprésence de l'innovation dans la vie quotidienne nous a amenés à estimer qu'une part de l'ordre de **3 à 9 %** de la croissance du Produit Intérieur Brut (PIB) dépend directement de la Propriété Industrielle (PI) qui, elle-même, bénéficie de cette croissance pour se développer à son tour. Mais la peur du changement, qui est l'une des constantes de l'organisation sociale et politique française, freine toute réforme de fond.

Nous avons constaté aussi, et cela est confirmé par la corrélation (97 %) entre les données du PIB et des demandes de brevet autochtones, que le secteur de la Propriété Industrielle (PI) et des brevets d'invention ne bénéficie pas d'un développement plus important que celui du PIB.

Ces constats étant faits, quelles recommandations pourraient être avancées pour favoriser le développement économique, perfuser la Propriété Industrielle (PI) dans l'économie, et en un mot **VITALISER la société française** ?

Nous proposons, avant de conclure cet essai, quelques pistes d'action, en indiquant pour chacune d'elles ce qui, à notre avis, constituerait une avancée pour l'économie nationale et pour les entreprises françaises, et quel serait l'avantage à mettre en œuvre la mesure proposée.

Nous ne souhaitons pas, comme nous le voyons trop souvent dans les rapports officiels qui se succèdent et restent lettre morte, établir une liste interminable de recommandations, mais au contraire avoir le souci du concret, du réalisable et surtout rester pragmatiques. Au risque de nous répéter, seules quelques mesures concrètes ont une chance d'aboutir.

Évidemment, la Propriété Industrielle (PI) n'est pas la panacée universelle qui permettra de résoudre les problèmes de la France ; nous avons cependant montré qu'elle peut être employée, y compris par les acteurs de la recherche publique, pour aider au développement économique, et qu'elle accélère – dans le respect de la morale –

l'accroissement des connaissances tout en offrant un **minipole** mérité à l'inventeur. Nous avons décrit ses caractéristiques et la contribution positive qu'elle génère. Mais qui, sauf quelques centaines de professionnels du milieu de la Propriété Industrielle (PI), connaît et reconnaît ces avantages ?

Nous estimons que la cause première de notre retard est la **méconnaissance des mécanismes positifs de la Propriété Industrielle (PI)**, et qu'il est possible d'y remédier assez facilement, par la mise en œuvre de trois recommandations qui permettraient de notre point de vue d'y parvenir, et que l'on peut résumer ainsi :

– **Formation** à l'économie de la Propriété Industrielle (PI) au plan national ;

– **Éthique** au plan mondial ;

– **Réciprocité** pour les entreprises françaises et européennes dans le domaine des brevets.

## 1 Formation à l'économie de la Propriété Industrielle (PI)

Cette première recommandation vise à **diffuser largement et positivement** les bases de la Propriété Industrielle (PI) depuis l'école et dans tous les milieux intéressés. La France n'aurait aucune difficulté à se mettre au diapason des autres puissances industrielles, en insufflant un esprit « De Vinci-nien » à nos concitoyens, de l'École à la Faculté, dans les administrations et dans tous les rouages de l'État, au moyen d'un **Plan d'Innovation National (PIN)**, afin de réduire petit à petit la méconnaissance quasi générale des apports de la Propriété Industrielle (PI). C'est en apprenant à moins craindre l'innovation et à mieux percevoir les acquis de la technique que progressivement la peur de l'avenir et du changement peut refluer dans l'inconscient collectif. De nos jours, à quel âge entend-on parler pour la première fois de Propriété Industrielle (PI) : à l'école, au collège ou au lycée ? Sans doute jamais ! Seuls quelques étudiants abordent ce sujet à l'université ou dans les écoles d'ingénieurs ou de commerce. C'est bien trop tard, et il serait utile que tout enfant et tout lycéen bénéficie chaque année, avec le concours des professionnels qui seraient très heureux d'y contribuer, d'un minimum d'information et d'enseignement dans ce domaine, l'objectif étant d'en faire connaître les principaux mécanismes avant le baccalauréat. **L'enseignement supérieur, et tout particulièrement l'Université,** doit faire l'objet d'une grande attention : dans la mesure où la France est un pays avancé en matière de recherche proche de la « frontière technologique », c'est-à-dire des techniques les plus en pointe, l'enseignement supérieur est directement confronté à ces techniques, et la formation des intellectuels revêt à cet égard une importance particulière. Plus la France formera des étudiants de très haut niveau, plus elle disposera de chances que ces diplômés cherchent et trouvent des inventions nouvelles et brevetables.

Un **ministère de l'Innovation et de la Propriété Industrielle (MIPI)**, ou toute autre structure, pourrait être chargé de mettre en place le Plan d'Innovation National (PIN), de simplifier les procédures administratives dans tous les domaines, et de repenser le dispositif législatif trop complexe. L'avantage de la mise en place d'un tel ministère de l'Innovation et de la Propriété Industrielle, **au lieu d'un « sous-ministère » délégué à la Recherche** (mais pas à l'innovation protégée !) comme aujourd'hui, serait en premier lieu psychologique, en donnant le signal au pays tout entier qu'un soutien réel est apporté au plus haut niveau à la technologie et à ses apports. Un autre avantage serait de faciliter la coordination de tous les intervenants du secteur, pour favoriser les synergies ; enfin, le budget de fonctionnement qui lui serait alloué serait une évidente aide au développement, s'il était utilisé pour réaliser des projets concrets.

Ce **MIPI** pourrait recommander, à titre de mesure simplificatrice, que soit édictée la règle selon laquelle une loi ne peut être votée qu'en remplacement de toutes les lois précédentes traitant du même sujet : le principe de **la loi « générique » devrait même être inscrit dans la Constitution** ! L'apport évident d'une telle mesure dépasse le domaine de la Propriété Industrielle (PI) : nul n'est plus capable aujourd'hui de connaître la Loi ! Trop de lois, trop de règlements, trop de directives, alors qu'il est possible d'organiser plus simplement notre intense production législative ; l'État, les entreprises, les particuliers, tout le monde y serait gagnant. Ajoutons qu'il serait utile, dans le long terme, de **réhabiliter la notion de risque économique et de succès** ; il ne s'agit pas de vouer un culte immodéré au roi Dollar ou au prince Euro, et de tomber dans l'excès du « tout argent » que l'on peut observer ici ou là. C'est une tâche qui, elle aussi, revient à l'enseignement dont la mission est de mettre en lumière des exemples de réussites plutôt que la perspective de l'échec ou du chômage ; diverses mesures concrètes d'accompagnement du Plan d'Innovation National (PIN) seront développées plus loin.

## 2 Éthique et développement économique

Le caractère moral des lois régissant la Propriété Industrielle (PI) a fait l'objet d'un développement dans les précédents chapitres. Il serait cependant souhaitable de généraliser ce volet éthique à l'ensemble des échanges économiques et, en premier lieu, au réseau informatique mondial Internet qui est à la disposition de toutes et de tous dès l'enfance. Or toutes les innovations, et pas seulement les innovations techniques, sont aujourd'hui diffusées sur Internet sans contrôle. Il nous paraît important que pas une information mise à la disposition du public, qu'elle soit juridique, littéraire, scientifique, technique, artistique, commerciale ou autre, ne soit suspecte.

Notre seconde recommandation est de favoriser l'instauration d'une **Autorité Mondiale de l'Éthique (AME)** pour réguler notamment Internet. Le réseau Internet est le défouloir de toutes les perversités, aucune autorité ne régule les bonnes mœurs sur la toile, alors que justement les mœurs sont à la base de toutes les lois dans tous les pays : pédophilie avec plusieurs millions d'images insoutenables, terrorisme, racisme, propositions marchandes douteuses ; plus de la moitié des jeunes gens qui surfent sur le réseau sont sollicités un jour ou l'autre par des offres pernicieuses ou dangereuses ; il est proposé que l'Autorité Mondiale de l'Éthique (AME) soit animée par des juristes, des professionnels de la Propriété Intellectuelle, et des « sages » de toutes obédiences, qu'elle dispose d'une capacité légale et technique d'annuler en premier ressort, avec exécution provisoire, toute réservation d'adresse Internet **ne répondant pas au critère d'éthique** et qu'elle soit aussi chargée de trancher les conflits existant entre noms de domaine Internet et Marques déposées ou dénominations sociales ou commerciales; si le réseau mondial, produit des technologies de télécommunication, retrouve un fondement moral, l'innovation dans son ensemble verra son image s'améliorer et intéressera davantage les citoyens et les innovateurs de tous les pays.

Nous avons conscience de l'aspect quelque peu utopique de cette proposition, à l'heure de la libéralisation galopante; nous estimons néanmoins que le développement économique engendré par le progrès technique n'a de sens pour la collectivité que dans la mesure où le critère moral est accepté, reconnu et appliqué.

Ceci est vrai aussi dans le domaine médical par exemple, qui offre de plus en plus de moyens à chacun, à titre individuel; il serait également souhaitable que les progrès de la médecine, de la chirurgie et des thérapies bénéficient à l'ensemble de la collectivité mondiale, et que soient utilisés plus souvent les moyens de réquisition des médicaments, dans le cas où la santé publique l'exige; l'AME pourrait ainsi **inscrire à son ordre du jour une veille médicale mondiale**, afin que tout le monde puisse bénéficier des progrès médicaux, à un coût accessible. Quel programme !

Même si notre suggestion semble à première vue appartenir au domaine du rêve éveillé, un examen attentif montre que la plupart des revendications des jeunes générations vont dans le sens d'un développement durable, éthique et partagé, et que la mise en place d'une AME ne rencontrerait en fait d'opposition que du côté de ceux qui ne veulent jamais rien changer ou de ceux qui souhaitent que la loi du marché soit le seul maître de l'économie.

Ce n'est pas oublier notre souci du concret que de proposer **une mesure pour le moyen terme**, qui corresponde aux aspirations du plus grand nombre, et à l'intérêt général !

## 3 Réciprocité pour les entreprises françaises et européennes dans le domaine des brevets, des marques et des modèles

Comme cela a été développé, l'Europe s'est dotée de puissants outils de Propriété Industrielle (PI), avec le Brevet européen, la Marque communautaire et le Modèle communautaire, facilitant l'obtention de titres de Propriété Industrielle (PI) au bénéfice des entreprises françaises, européennes et non européennes. La prochaine étape est la création du **Brevet communautaire**, qui serait moins contraignant que l'actuel Brevet européen. Mais les entreprises françaises ou européennes ne bénéficient pas dans les autres continents de mesures semblables, ce qui induit une **distorsion** au profit de leurs concurrents.

Nous estimons que **l'instauration du brevet communautaire reste un objectif prioritaire**, sous trois conditions non négociables :

– que les déposants français bénéficient de la **réciprocité** dans les autres continents, à savoir que soient mis en place un **brevet américain (Nord** et **Sud)**, un **brevet asiatique**, un **brevet océanien** et un **brevet africain**, de sorte qu'au moins **cinq grands brevets régionaux** soient à la disposition des déposants français et étrangers;

– qu'une mesure du même type soit mise en œuvre **pour les marques et pour les modèles**, à l'échelle des autres continents, à l'instar de la Marque communautaire et du Modèle communautaire;

– que le brevet communautaire implique naturellement une obligation de **publication intégrale dans au minimum cinq langues officielles européennes**, afin de préserver les **droits des tiers**, c'est-à-dire des non-déposants; ces langues pourraient être le français, l'anglais, l'allemand, l'italien et l'espagnol, afin que chaque citoyen puisse connaître sans engager d'interprète les brevets appartenant à des déposants étrangers. C'est à cette condition qu'un équilibre sera maintenu dans la diffusion des connaissances; les adeptes d'un brevet communautaire « tout anglais » sont sous l'influence d'entreprises multinationales qui n'ont que faire de l'intérêt des tiers.

Le gouvernement français devrait, en résumé, avoir pour objectif d'**équilibrer en faveur des entreprises nationales et européennes** les moyens dont disposent les inventeurs pour obtenir des titres de Propriété Industrielle (PI), ce qui faciliterait les exportations et dynamiserait la croissance de ses entreprises, donc des pays européens dans leur ensemble.

En complément de ces trois recommandations d'ordre général, nous souhaitons présenter quelques mesures concrètes d'accompagnement, toutes de nature à développer l'image de la Propriété Industrielle (PI).

## 4 Les autres objectifs d'application immédiate du Plan d'Innovation National (PIN)

### Réunir en un seul établissement les (multiples) acteurs publics intervenant dans le domaine de l'innovation

De nombreux organismes (ANVAR, ARIST, Chambres de Commerce et d'Industrie, programmes Eurêka, Centres de Relais d'Innovation, réseau Eranet, Conseils et comités divers, etc.) interviennent en France dans le domaine de la Propriété Industrielle (PI), de l'innovation et de son financement, entraînant, comme c'est souvent le cas, des phénomènes de redondance, de gaspillage, et la multiplication de postes convoités; il serait aisé d'y mettre un peu d'ordre (la résistance au changement est sans aucun doute un obstacle à ce projet) et il est suggéré de réunir ces intervenants au sein d'une **Agence pour l'Innovation (AI)** : un seul organisme disposant de tous les moyens financiers de soutien à l'innovation serait certainement moins coûteux et plus efficace.

### Mieux connaître et diffuser les données relatives à la Propriété Industrielle (PI)

Pour y parvenir, au niveau statistique, le Plan d'Innovation National (PIN) pourrait mettre au point, pour les titres autochtones, un nouvel **Indice Minipolistique Économique (IME)** de Propriété Industrielle (PI) basé sur le nombre de demandes de brevet, le nombre de brevets délivrés et le nombre de brevets en vigueur. Un tel indice, largement et régulièrement diffusé, donnerait une mesure composite de la richesse innovante du pays, et permettrait d'en mesurer l'évolution annuelle. La mise en place de cet Indice pourrait être accompagnée de diverses mesures parallèles, comme par exemple :

– la création d'Indices similaires basés sur les dépôts de marques, de modèles, d'appellations contrôlées, d'édition de livres de culture générale, de technique ou de romans et essais, de CD musicaux ou de DVD ;

– l'évaluation, pays par pays, de l'effet économique des brevets allochtones par rapport aux brevets autochtones ;

– l'analyse annuelle du ratio du nombre de demandes de brevet sur le nombre de délivrances de brevets, selon l'origine nationale ou étrangère, et la mesure du degré de protectionnisme de chaque pays.

**Le financement de l'innovation peut emprunter de nombreuses voies**

En premier lieu, il est aisé d'autoriser les **fondations de recherche associant le privé et le public**. Encore à l'état de vœu pieux ou d'annonce gouvernementale, ce projet constitue une réponse pratique et peu complexe à concrétiser, pour accentuer la coopération entre privé et public, de manière à convaincre progressivement de plus en plus de chercheurs publics des potentiels de développement conjoints représentés par les atouts d'une recherche fondamentale et les applications qu'elle peut engendrer pour la collectivité.

En second lieu, le développement du capital risque et des « incubateurs » est trop souvent limité en France aux jeunes sociétés du secteur des télécommunications ou de la biologie ; ces restrictions sont contraignantes et peu efficaces : toute entreprise, récemment créée ou non, quel que soit son domaine d'activité, quel que soit son projet innovant, devrait être une cible potentielle d'investissement, y compris pour le capital-risque. Il est également suggéré d'étudier l'impact des dépôts de demandes de brevet par secteur économique – pharmacie, électronique, télécommunications, mécanique, optique, etc. – afin de vérifier que ce ne sont pas seulement les jeunes entreprises dites « innovantes » qui méritent d'être soutenues. Il est donc suggéré de **n'imposer aucune restriction d'aucune sorte au capital-risque et aux mesures fiscales d'incitation à l'innovation**.

En troisième lieu, nous suggérons d'**utiliser le mécénat comme levier financier pour la recherche** : la loi sur le Mécénat d'entreprise a été améliorée en août 2003, mais il subsiste, dans la bonne tradition française, de trop nombreuses mesures tatillonnes de contrôle et de vérification. Par ailleurs, les frais administratifs des grandes Fondations et de certaines associations caritatives sont parfois excessifs ; n'a-t-on pas entendu récemment un responsable d'une association de lutte contre la mucoviscidose parler de son « attachée de presse » ! Il convient d'inscrire dans le mécénat un esprit d'éthique et de transparence des fonds gérés. À titre d'exemple, les membres de l'association « Mécénat 100 % » prennent en charge l'intégralité des frais de fonctionnement et de gestion, de sorte que 100 % des fonds collectés sont redistribués.

De plus, les incitations fiscales au mécénat devraient être augmentées, c'est-à-dire qu'il conviendrait de ne **pas fixer de plafond** à ces dépenses, qui restent aujourd'hui cantonnées à cinq pour mille seulement du chiffre d'affaires des entreprises. Enfin, il faudrait autoriser les associations agréées à **jouir d'une copropriété des brevets pour les inventions qui ont été réalisées grâce à leur soutien**, y compris au moyen d'un actionnariat dans les entreprises aidées.

Toutes ces mesures contribueraient à lever davantage de fonds pour la R&D, et à ne pas cantonner les aides aux seules « jeunes pousses du domaine des télécom ». Le gouvernement a d'ores et déjà décidé de mettre en œuvre des mesures spécifiques d'aide à l'innovation destinées aux PME ; cependant, ces mesures ne doivent pas être réservées, comme on le lit dans de trop nombreux rapports, aux seules jeunes entreprises innovantes ; elles doivent concerner **sans aucune exception toutes les PME**. L'avantage d'une telle politique serait d'inviter toutes les entreprises à participer à la course à l'innovation technique, alors que, de nos jours, les aides semblent toujours être réservées à d'autres !

### Les entreprises doivent obtenir des compensations des dommages subis plus substantielles

Surveiller et attaquer les contrefacteurs ne suffit pas ; obtenir des tribunaux français une meilleure réparation des pertes causées par les actes de contrefaçon est une condition *sine qua non* d'une meilleure reconnaissance de la Propriété Industrielle (PI). « Meilleure réparation » ne signifie pas tomber dans l'excès inverse de dommages exagérés. Tant que les décisions de justice ne permettent même pas de « récupérer » les dépenses engagées par le demandeur pour le procès, à supposer qu'il obtienne gain de cause, les titulaires de brevets ne seront pas incités à faire valoir leur droit. La fusion à l'étude des professions d'Avocat et de Conseil en Propriété Industrielle (CPI) est une des solutions envisagées pour réduire les frais de procès, mais l'essentiel n'est pas dans une quête effrénée de la réduction des coûts, comme l'affirment trop de grandes entreprises : il est plus utile d'engager une réforme qualitative et quantitative des modalités de calcul des dommages qui doivent aller bien au-delà de la seule réparation du bénéfice perdu par le titulaire du brevet ; cette réforme relève d'une modification législative qui serait bien comprise des magistrats, et dont la mise au point ne devrait pas excéder une année.

### Une Journée Mondiale de l'Innovation et de la Croissance (JMIC)

Le 26 avril étant la Journée Mondiale de la Propriété Industrielle (PI), en anglais World Intellectual Property Day (WIPD), il est suggéré d'en modifier l'appellation pour la transformer en **Journée Mondiale de l'Innovation et de la Croissance (JMIC)**, en anglais World Innovation and Growth Day (WIGD) et d'organiser partout la « fête des entreprises et des centres de recherche », afin de sensibiliser les Français aux avantages de l'innovation, et d'insuffler progressivement un plus grand esprit de confiance dans l'entreprise. Les Chambres de Commerce seraient les partenaires privilégiés d'un tel projet, qui n'est pas plus difficile à lancer que la Fête de la Musique.

### Faire précéder toute publication scientifique d'une démarche de protection industrielle

Nous avons évoqué le « problème » posé par certaines publications scientifiques dont la teneur est divulguée précipitamment, et suggérons de faire précéder toute publication scientifique d'une démarche de protection industrielle, **si son objet est protégeable** et de généraliser **le délai de grâce** pour les publications scientifiques. Pour les chercheurs confirmés ou les chefs de laboratoires du service public ou des entreprises dépendant directement de l'État, le régime des publications (authorship) est à la base de leurs carrières et de la course à la notoriété ou au prix Nobel. De leur côté, les jeunes chercheurs sont parfois les victimes des pratiques de mandarinat, ce qui les incitent à penser « publication » et à oublier « protection ». **La mise en place d'un délai de grâce « scientifique »**, assorti d'une interdiction de publication des recherches non protégées, peut constituer une solution à ces difficultés et **peut être mise en œuvre très rapidement à l'échelon national**.

En ce qui concerne les publications scientifiques portant sur un objet manifestement non brevetable, un régime de protection officiel via le droit d'auteur peut être instauré, par exemple l'inscription sur un **Registre National des Publications (RNP)**, tel que proposé voici de nombreuses années déjà par Jean Lory, dans son mémoire intitulé « La propriété scientifique ou le droit des savants ». De plus, un objectif de résultat, comme dans toute activité humaine, doit être à la base de l'évaluation d'un chercheur : le dépôt par toute équipe de recherche d'**au moins une demande de brevet par an** n'est pas hors de portée, loin s'en faut, comme on le constate au sein des laboratoires privés. Cet objectif – ainsi d'ailleurs que la loi le prévoit – doit s'accompagner d'une **rémunération supplémentaire** pour tous les inventeurs de l'équipe de recherche, et pas seulement pour son directeur. Il convient de rappeler que, contrairement aux idées largement répandues dans et par certains milieux scientifiques, **le recours au brevet n'est pas un obstacle à la publication** des résultats d'une recherche (après le dépôt de la demande de brevet) et qu'il ne nuit ni à la quantité ni à la qualité de la recherche scientifique.

### Repenser le critère d'application industrielle nécessaire à la brevetabilité d'une invention

Afin de mieux faire apparaître l'avantage d'une demande de brevet pour la collectivité, il paraît nécessaire d'améliorer l'un des critères de brevetabilité : une innovation, pour être brevetable, doit satisfaire les critères de nouveauté, d'activité inventive **et d'application industrielle**. Ce dernier critère est devenu à la fois désuet, en raison de son caractère « industriel », et incomplet, car il ne permet pas de montrer clairement, objectivement et directement, l'apport de l'invention à l'entreprise et à la collectivité. Il est donc proposé de remplacer ce critère par l'exigence qu'**une invention doit justifier**

**d'au moins un Indicateur Caractéristique d'Application (ICA)** caractérisant la faculté de l'invention à être mise en œuvre dans tout domaine, y compris l'industrie, et dont une première ébauche pourrait être ainsi imaginée :

– capacité de mise en œuvre dans au moins un domaine technique, industriel, commercial ou économique,

– impact sur les économies d'énergie,

– résultat sur la préservation de l'environnement,

– conséquence sur l'amélioration des activités humaines,

– effet économique attendu,

– efficacité dans le domaine de la santé, etc.

La définition précise et officielle de cet Indicateur Caractéristique d'Application (ICA) devrait faire l'objet d'une consultation parmi tous les milieux intéressés, y compris l'Organisation Mondiale de la Propriété Intellectuelle, les grandes associations professionnelles (telles l'UNION, l'AIPPI, etc.), et la profession libérale (dont l'ACPI française) réunie au sein de la Fédération Internationale des Conseils en Propriété Intellectuelle (FICPI). Une telle mesure est à l'évidence à envisager dans le moyen terme. Notons que notre esquisse de définition de l'ICA prend en compte l'aspect éthique ainsi que la protection de l'environnement, et qu'il n'est pas utopique d'y songer dans le domaine des brevets, afin de concilier progrès technique et sauvegarde de la planète.

### La mise en œuvre d'une Politique d'Expansion des Inventions (PEI)

Dans l'immédiat, il est suggéré l'adoption d'une mesure concrète qui, malgré les apparences, est aisée à mettre en place : **doubler à terme le nombre de demandes de brevet autochtones** par la mise en œuvre d'une Politique d'Expansion des Inventions (PEI) dont le but serait de préparer le dépôt d'Une Demande de Brevet par Innovation (UDBI), avec l'objectif ambitieux de croître chaque année **de 1 000 demandes de brevet, pour passer en 10 ans d'environ 15 000 à environ 25 000 demandes de brevet nationales**.

Le coût annuel d'une telle mesure, par tranche de 1 000 demandes de brevet, si la totalité du budget de la Politique d'Expansion des Inventions (PEI) était subventionnée, pourrait être estimé comme suit :

– la consultation initiale de brevetabilité, qui pourrait être offerte par les Conseils en Propriété Industrielle (CPI), à titre de contribution à l'effort national en faveur de la croissance, soit zéro euro ;

– la rédaction des 1 000 demandes de brevet, à raison de 15 heures de travail par dossier, soit environ 4 millions d'euros par an ;

– le dépôt de la demande, l'examen du rapport de recherche, le dépôt éventuel de revendications modifiées, la prise en charge des annuités pendant les trois premières années, soit de l'ordre de 1 000 euros par demande de brevet, soit environ 1 million d'euros par an ;

– soit un total de l'ordre de 5 millions d'euros par an et 50 millions d'euros en 10 ans, et, en moyenne, 5 000 euros par demande de brevet.

À supposer que cet effort financier, qui devrait être accompagné d'une campagne d'information ciblée en direction des entreprises, ait pour conséquence un gain de Produit Intérieur Brut (PIB) ultérieur de seulement 0,5 %, c'est plus de 125 millions d'euros de revenus supplémentaires assurés pour la collectivité, les entreprises, les salariés, avec un retour gagnant sur investissement pour l'État en emplois, impôts, taxes et redevances supplémentaires.

**Poursuivre les réformes, mais dans l'intérêt et le respect de tous**

Enfin, la poursuite des réformes est – tout le monde en convient, sauf les conservateurs de gauche comme de droite –, une impérieuse nécessité, dans tous les domaines de l'État, mais **en tenant compte des droits de tous**, pas seulement des entreprises. Il faut prendre garde à ce que les réformes engagées ne résultent pas du lobbysme d'une catégorie professionnelle, au détriment de l'intérêt général – comme cela est trop souvent le cas – ou de celui d'une autre catégorie professionnelle. Pour satisfaire telle revendication catégorielle d'un groupe de pression, une décision sera prise en défaveur d'un autre : les exemples sont innombrables, et ce n'est pas faire de la politique que de constater que le gouvernement oscille tel un ludion entre les requêtes des lobbyistes de tous bords.

En ce qui concerne la Propriété Industrielle (PI), des multinationales et quelques grandes entreprises françaises souhaitent obtenir l'usage unique de l'anglais comme langue de la technique et des brevets ; une telle mesure, si elle était généralisée, reviendrait à abandonner les langues nationales (français, espagnol, allemand, italien, portugais, grec, chinois, etc.) et priverait 85 à 90 % des habitants de la Terre entière de documentation technique dans la seule langue qu'ils maîtrisent correctement, à savoir leur langue maternelle, tout en appauvrissant l'emploi de l'anglais réduit à un « Common Basic Language », alors qu'il est une langue extrêmement riche et harmonieuse. Une telle mesure reviendrait également à donner un avantage concurrentiel gratuit aux seules entreprises de langue anglaise, sans aucune contrepartie pour les sociétés françaises et pour la plupart des sociétés européennes.

Poursuivant notre propos, rappelons que toute réforme de la Propriété Industrielle (PI) doit tenir compte des déposants de brevets, mais aussi des tiers, c'est-à-dire **des entreprises et des particuliers non déposants de brevets**, pour conserver un juste équilibre entre les intérêts des entreprises innovantes et ceux des consommateurs et des entreprises qui ne sont pas sensibilisés au dépôt de brevets. La profession libérale de la Propriété Industrielle (PI), regroupée au sein de la Fédération Internationale des Conseils en Propriété Intellectuelle (FICPI), participe activement à l'étude de mesures d'harmonisation, de simplification et de réduction des coûts, sans néanmoins abdiquer sur l'essentiel, à savoir la sauvegarde des patrimoines nationaux, des spécificités culturelles et surtout des langues nationales : son action de réflexion se poursuit, en conservant à l'esprit l'intérêt des PME et des tiers non titulaires de droits de Propriété Industrielle (PI).

**Un rôle majeur à jouer pour la France**

Nous estimons enfin que la France doit retrouver un rôle majeur dans la protection de l'innovation. Or, l'Office Européen de Brevets (OEB) et l'Office Communautaire des Marques et des Modèles (OHMI) ont leur siège hors de France, respectivement en Allemagne et en Espagne : la France, en renonçant à revendiquer l'un de ces sièges, a abandonné son statut de grande puissance de la Propriété Industrielle (PI), les « troquant » contre quelques postes éphémères de présidence de ces organismes internationaux ; pour contribuer à faire basculer le « centre de gravité » de la Propriété Industrielle (PI) vers la France, nous exprimons le souhait que soit établie une **Cour de Justice des Brevets Européens et Communautaires**, qui serait appelée à traiter en Appel des affaires européennes de contrefaçon, et que **cette Cour ait son siège en France**, si besoin est en abandonnant sa première présidence au profit d'un président ressortissant d'un autre pays européen.

## 5 Rappel des principales recommandations préconisées

**• La formation à l'économie de la Propriété Industrielle (PI)**

Cette formation pourrait être assurée, dès l'école et jusqu'aux grandes écoles et aux facultés, au moyen d'un **Plan d'Innovation National (PIN)** en y associant très largement le corps enseignant et les professionnels des entreprises et du secteur libéral ; ce plan pourrait être implémenté par un **ministère de l'Innovation et de la Propriété Industrielle (MIPI)**, ou au moins par tout organisme disposant d'une autonomie d'action transministérielle.

**• L'application généralisée de l'éthique dans la vie économique**

L'instauration d'une **Autorité Mondiale de l'Éthique (AME)** est à cet égard suggérée, en particulier pour réguler les dérives d'Internet.

**• L'exigence de réciprocité**

Les entreprises françaises qui mettent en œuvre une politique de protection de l'innovation dans tous les continents devraient bénéficier de cette exigence de réciprocité, et tout particulièrement par la création d'un **brevet américain, d'un brevet asiatique, d'un brevet océanien et d'un brevet africain**, parallèlement au **futur brevet communautaire disponible dans au moins cinq langues officielles européennes**.

## 6 Rappel des neuf mesures d'accompagnement de ces recommandations

1. Réunir tous les intervenants publics de la Propriété Industrielle (PI) au sein d'une seule Agence pour l'Innovation (AI).
2. Développer un Indice Minipolistique Économique (IME) de Propriété Industrielle (PI) basé sur le nombre de demandes de brevet autochtones.
3. N'imposer aucune restriction ou quota ou limitation du domaine technique dans le financement de l'innovation, et favoriser les fondations de recherche mixtes public/privé ainsi que le Mécénat d'innovation.

4. Augmenter très largement le montant de la réparation financière des actes de contrefaçon et poursuivre l'étude de la fusion entre les professions d'Avocat et de Conseil en Propriété Industrielle (CPI).
5. Organiser la Fête des Entreprises lors d'une Journée Mondiale de l'Innovation et de la Croissance (JMIC).
6. Faire précéder toute publication scientifique d'une démarche de protection industrielle, si son objet est protégeable, généraliser le délai de grâce scientifique, et négocier un objectif annuel de résultat en matière de Propriété Industrielle (PI) des chercheurs publics et privés.
7. Remplacer le critère d'application industrielle nécessaire pour la brevetabilité par l'exigence qu'une invention justifie d'au moins un Indicateur Caractéristique d'Application (ICA) dont la définition précise est à formuler, à l'aide des professionnels de l'industrie, de la recherche fondamentale et du secteur libéral.
8. Fournir les moyens humains et matériels pour doubler en dix ans le nombre de demandes de brevet d'origine nationale, à raison de mille demandes de brevet supplémentaires par an.
9. Tenir compte dans toute réforme des droits des tiers, et notamment des non-déposants de brevets, et permettre à la France de retrouver un rôle majeur dans la protection de l'innovation, en conservant sur son sol le siège de la Cour de Justice des Brevets Européens et Communautaires.

## 7 Y a-t-il une alternative au recours à la Propriété Industrielle (PI) ?

Au-delà des mesures proposées, nous nous demandons si l'entreprise se trouve face à un choix de protection ou de non-protection ou si le recours à la Propriété Industrielle n'est pas en réalité inéluctable, compte tenu des règles de fonctionnement des échanges nationaux et internationaux. Quels sont les enseignements de cet essai ? Nous avons observé l'effet « boule de neige » de l'innovation et de la croissance qui fonctionnent en symbiose. L'équation du Cercle Positif innovant (CPI) a permis d'établir que le choix fait par les consommateurs d'un produit ou d'un service offre à son fournisseur des ressources supplémentaires lui permettant de poursuivre ses efforts de Recherche et de Développement.

Pour la Comptabilité nationale, cet achat contribue au Produit Intérieur Brut (PIB) de l'année en cours, et la Part d'Innovation dans la Valeur du Bien (PIVB) du produit ou du service en fait partie intégrante.

Nous avons estimé que l'innovation protégée concourt pour **3 à 9 % à la croissance du PIB**, en ayant pondéré nos observations en raison du fait qu'une partie de l'activité économique ne relève pas de la technologie, donc pas de la Propriété Industrielle (PI), en ayant pris en compte que la PIVB d'un produit ou d'un procédé breveté varie dans le temps et en ayant retenu que cette PIVB est aussi fortement liée à la technologie considérée, à la maturité du bien dans son cycle de vie, aux améliorations incluses dans ce bien et à l'offre concurrente.

Ceci nous a conduits à privilégier la thèse selon laquelle la croissance est liée à l'effort technologique, mais également à admettre la validité de la thèse réciproque, à savoir qu'une économie forte se donne plus de moyens pour innover davantage : la croissance du PIB concourt largement au développement de la R&D et de l'innovation protégée.

Nous avons mis en lumière certains apports positifs de la Propriété Industrielle (PI); nous souhaitons progresser d'un pas supplémentaire, en montrant que l'innovateur n'est même pas placé devant **une alternative de protection ou de non-protection**, et que pour son bien et celui de la collectivité, il n'a pas d'autre choix que celui de la Propriété Industrielle (PI), s'il est animé d'une perspective de croissance et s'il a le souci du moyen terme.

**Quels sont les fondements de ce non-choix?**

Nous soutenons en fait la thèse selon laquelle négliger de protéger une invention n'apporte rien à l'inventeur ou à l'entreprise, hormis peut-être la satisfaction morale (en cas de divulgation) d'avoir fourni gracieusement à la collectivité internationale une connaissance supplémentaire.

La Propriété Industrielle (PI) est en effet le **seul instrument** mis à la disposition des inventeurs pour acquérir un **minipole** sur l'objet breveté, à condition toutefois de maintenir le brevet en vigueur aussi longtemps que nécessaire.

Si l'on se réfère à l'analogie de la demande de brevet avec un territoire réservé, quels seraient les avantages ou les inconvénients à obtenir et à maintenir un minipole sur ce territoire?

**En premier lieu**, le dépôt de la demande de brevet puis l'obtention du brevet permettent à l'inventeur d'**interdire aux tiers de copier l'invention**, d'en reproduire les enseignements; l'innovateur ayant pris soin de protéger son invention bénéficie donc sur l'objet décrit et protégé d'une exclusivité temporaire, qualifiée de minipole, qui lui permet de valoriser son travail de recherche; il empêche quiconque de passer sur son territoire, ses concurrents doivent faire un détour ou acquitter un droit de passage, sous forme de licence.

**En second lieu**, la publication de la demande de brevet dix-huit mois après la date de dépôt a un **effet dissuasif**, malgré et grâce à l'information ainsi communiquée à la concurrence; cette publication permet d'affirmer aux yeux du monde que l'inventeur a acquis un minipole sur une technique donnée et qu'il reste en embuscade pour chasser tout importun de son territoire.

Un inventeur qui protège son invention et obtient un brevet impose le respect; il oblige ses concurrents à se développer dans d'autres domaines, il les chasse de son pré carré, par un double effet juridique et psychologique. Pour ce faire, **il consacre une partie de ses ressources** à la protection des inventions et au maintien en vigueur des brevets. La dépense n'est pas nulle, mais tout examen sérieux et objectif montre qu'elle reste marginale par rapport au coût total de Recherche & Développement, car elle est évaluée à environ **5 % du budget de R&D**. Cette évaluation varie très largement en fonction de la technologie, de la plus ou moins rapide évolution des produits dans le secteur économique concerné, du nombre de demandes de brevet déposées en France mais surtout à l'étranger et des annuités de maintien en vigueur.

**Quels sont les risques en cas de non-choix ?**

Il est légitime de poser la question : à quoi sert d'innover, ce qui revient à engager un budget de R&D, si la protection des innovations résultantes n'est pas engagée, alors que le coût de cette protection n'entraîne qu'une dépense supplémentaire marginale?

Quel est l'industriel qui, après avoir développé une technologie nouvelle et mobilisé des ressources humaines, ce qui implique une dépense certaine, hésiterait à acquérir un minipole sur cette technologie, moyennant une faible dépense additionnelle ?

Autrement dit, une fois prise la décision d'engager des recherches de développement, il serait absurde de se priver de la protection des inventions : invoquer un motif budgétaire pour justifier un renoncement à la protection serait une erreur de gestion. Il vaudrait mieux dans ce cas éviter tout effort de R&D, afin d'économiser la dépense initiale. Mieux, les dépenses de protection devraient être intégrées en amont au budget global de R&D, pour une partie représentant environ 5 % de ce budget global.

Poursuivant l'analyse, nous nous demandons combien d'entreprises industrielles parviennent à assurer durablement leur survie sans aucun dépôt de demande de brevet ? Nous sommes persuadés qu'une entreprise, qu'elle investisse ou non en R&D mais qui n'obtient pas de brevet, voit sa pérennité mise en cause à moyen terme ! Nous osons même affirmer qu'**une entreprise sans portefeuille de Propriété Industrielle (PI) est condamnée à être absorbée par une autre ou à disparaître à long terme** ! Il serait cruel de citer des exemples d'entreprises industrielles ayant durablement négligé les brevets d'invention (soit en tant que déposant soit en tant que licencié d'un déposant) et qui ont été contraintes de déposer le bilan, ou qui ont eu recours à une recapitalisation (par l'État ou par des actionnaires privés) ou encore qui ont été tout simplement absorbées. La consultation et l'analyse du portefeuille de Propriété Industrielle (PI) des sociétés en liquidation ou absorbées sont éloquentes et constituent *a contrario* la justification du caractère inéluctable de la protection de l'innovation. Bien sûr, ce qui précède ne s'applique pas avec la même rigueur à toutes les industries, et ne concerne pas la distribution, c'est-à-dire l'activité de ceux qui achètent pour revendre, à condition toutefois que les achats soient exempts de contrefaçon. Bien sûr également, nous avons conscience d'avoir forcé le trait en exprimant ces opinions, et des exceptions ou des contre-exemples existent, mais nous souhaitions attirer l'attention sur **le risque pris à négliger l'innovation et surtout la protection de l'innovation brevetable**.

**Quels sont les autres avantages du recours la Propriété Industrielle (PI) ?**

Ajoutons que les entreprises innovantes présentent, par rapport aux entreprises non innovantes, des caractéristiques mises en lumière depuis longtemps, notamment par exemple dès 1998 dans un rapport du Conseil d'Analyse Économique (CAE) placé auprès du Premier ministre, caractéristiques qui peuvent être ainsi résumées :

– dans les entreprises innovantes, la productivité augmenterait de 0,1 à 0,2 % par tranche de 1 % de dépense supplémentaire de R&D ;

– le chiffre d'affaires connaîtrait une croissance plus rapide de l'ordre de 1,5 %, et pour les entreprises innovantes qui persévèrent plusieurs années dans l'innovation, la croissance du chiffre d'affaires atteindrait 2,3 % par an ;

– la réussite à l'exportation serait meilleure, en volume ;

– le taux de survie de ces entreprises innovantes à 10 ans est de 80 %, alors qu'il n'est que de 65 % pour les autres entreprises, selon les observations de l'ANVAR citées dans le rapport du CAE ;

– enfin, les secteurs de haute technologie connaissent un taux de croissance encore plus élevé, ce qui est également vérifié en comparant avec d'autres pays, mais cette observation doit être tempérée par le fait qu'il s'agit souvent d'entreprises jeunes qui connaissent des démarrages rapides : une croissance à deux chiffres est plus facile à obtenir en partant de zéro.

En résumant et en généralisant ce qui précède, une fois prise la décision d'effectuer un travail de R&D, d'y consacrer des ressources humaines, financières et industrielles, **il n'y a pas d'alternative** : il faut protéger les innovations, sauf à vouloir en faire cadeau à la collectivité internationale.

Les chercheurs du public qui préconisent la publication de leurs travaux au détriment des brevets réagissent à cet égard avec une certaine légèreté, oubliant qu'au seul point de vue financier la collectivité nationale leur assure des moyens de recherche, la mise à disposition d'une équipe, un revenu régulier et garanti : il serait donc légitime d'exiger de tout chercheur ou de toute équipe de recherche engagée dans une technologie susceptible d'être protégée, le dépôt d'au moins une demande de brevet (par an ou pour toute période donnée), pour justifier son travail et reconnaître les efforts de tous en sa faveur. Cette exigence se traduirait d'ailleurs par un revenu supplémentaire pour l'inventeur ou les inventeurs, suggérée par la loi, et par la possibilité maintenant offerte aux chercheurs de participer à des sociétés mettant en œuvre les inventions issues de leurs recherches.

### Alternative ou impérieuse nécessité ?

Force est donc de conclure que la Propriété Industrielle (PI) est une impérieuse nécessité pour tout innovateur, qui n'a pas d'autres choix que de **Déposer, Protéger et Maintenir (DPM)** ses inventions.

Seul outil juridique mis à la disposition des inventeurs pour bénéficier d'un minipole et d'un avantage sur la concurrence, profitable en moyenne à son entreprise et à son pays, instrument de diffusion des connaissances dans le monde entier, le brevet est en fait **un Joker Technique (JT)**, si l'on veut retenir l'aspect aléatoire de sa rentabilité lors du dépôt de la demande de brevet.

Comme un vaccin, il protège ; comme un vaccin, il renforce l'organisme qui est mieux à même de résister aux autres attaques ; comme un vaccin, il se renouvelle ; sans lui, le risque est élevé, grâce à lui, les chances de survie sont plus grandes. **Le brevet d'invention est une sorte de vaccin de longévité pour l'entreprise !**

Le brevet devrait aussi être considéré comme une **Alternative Technique Indispensable à Saisir (ATIS)**, du fait des critères juridiques qui imposent de déposer la demande de brevet avant toute divulgation, c'est-à-dire avant de connaître l'impact économique résultant de l'invention.

Le brevet d'invention est à l'innovation ce que le cœur est à l'homme : il est indispensable, car il faut qu'il soit présent à la naissance, son fonctionnement doit être aussi régulier et durable que possible, mais on ne se rend pas compte qu'il fonctionne ; son existence est une condition nécessaire à la vie, comme le brevet qui doit nécessairement accompagner l'innovation.

**Le brevet d'invention est le CŒUR de l'innovation !**

## 8 Combien « rapporte » un brevet à la collectivité nationale et à l'entreprise déposante ?

Nous allons oser, dans les lignes qui suivent, **valoriser une demande de brevet**, en fournissant une estimation de son apport à la croissance du Produit Intérieur Brut (PIB) et de l'entreprise innovante. Cette **estimation**, fondée sur des valeurs moyennes, est à considérer avec prudence, et notre modeste rôle est d'avancer un chiffrage aussi vraisemblable que possible, pour inviter au débat et susciter d'autres recherches. Nous n'avons aucunement la prétention de détenir la vérité, ni d'imposer notre point de vue ; nous espérons seulement justifier le rôle positif de la Propriété Industrielle (PI), **qui serait non seulement un choix obligé, mais également, par chance et en moyenne, un choix rentable !**

Quels sont, pour l'entreprise et pour l'économie nationale, les bénéfices escomptés d'une invention protégée ? Pour l'entreprise, la principale récompense est le minipole pendant au mieux 20 ans (ou 25 pour un CCP), accompagné de l'espoir de revenus correspondants. Pouvons-nous tenter de faire une estimation chiffrée de l'apport d'une demande de brevet au plan national ? Pour l'économie nationale, si toutes les demandes de brevet étaient considérées comme ayant la même valeur économique, et si la contribution de la Propriété Industrielle (PI) à la croissance du PIB (éventuellement décalée dans le temps) n'était estimée qu'à la fourchette minimum retenue, en ayant pris le soin de soustraire la part du PIB n'ayant pas de lien direct avec l'innovation industrielle (soit environ la moitié), notre estimation serait une contribution de l'ordre de 3 à 9 %, comme nous l'avons développé plus haut.

Une telle contribution à la croissance du PIB n'apparaît pas fantaisiste, si l'on tient compte non seulement de l'activité économique du déposant, mais aussi de celle qui en résulte pour les sous-traitants et les distributeurs.

Un calcul simplifié donne les résultats suivants : 1 % de croissance du PIB de l'année 2003 en valeur courante est égal à 15,572 milliards d'euros; si la contribution de la Propriété Industrielle (PI) à cette croissance est de l'ordre de 3 à 9 %, nous obtenons une contribution en valeur de 467 millions à 1,4 milliard d'euros et si nous rapportons cette fourchette aux 14698 demandes de brevet autochtones (variable DDE3) de la même année, nous obtenons une contribution moyenne pour l'année de l'ordre de 31787 à 95361 euros par demande de brevet, que nous proposons d'établir en arrondissant à une **fourchette comprise entre 32000 et 95000 euros, avec une moyenne de 64000 euros**, pour l'économie nationale.

**1 demande de brevet ⟹ 32000 à 95000 euros de croissance du PIB, avec une valeur moyenne d'environ 64000 euros**

Quelle en est la part revenant directement à l'entreprise innovante ? Formulons l'hypothèse, assez classiquement retenue, qu'un tiers de la croissance de l'entreprise revient à ses fournisseurs, sous-traitants et distributeurs, et nous obtenons une **croissance moyenne résiduelle pour l'entreprise innovante de l'ordre de 20980 à 62940 euros par demande de brevet**, ce qui peut s'écrire comme suit en arrondissant comme ci-dessus :

**1 demande de brevet ⟹ 21000 à 63000 euros de croissance pour l'entreprise, avec une valeur moyenne d'environ 42000 euros**

Cette estimation ne semble pas non plus fantaisiste, si l'on prend en compte l'investissement humain et matériel nécessaire à la recherche : à titre d'exemple, un bureau d'études de deux personnes, ayant une « production » de deux demandes de brevet français par an et gérant un portefeuille d'une dizaine de brevets français, dispose d'un budget de l'ordre de 300000 euros; si 90 % du budget annuel sont consacrés à la gestion courante du bureau et à l'entretien du portefeuille de Propriété Industrielle (PI), y compris le règlement des annuités, la surveillance de la concurrence, les actions en contrefaçon, l'assistance d'un juriste d'entreprise et de conseils, il reste de l'ordre de 30000 euros pour les deux nouvelles demandes de brevet; par conséquent, la dépense moyenne correspondant à une nouvelle demande de brevet est de l'ordre de 15000 euros, et un retour sur investissement de 21000 à 63000 euros (en moyenne 42000 euros) ne semble pas disproportionné, bien au contraire.

Notons qu'il s'agit d'une moyenne, certaines entreprises étant dotées de bureaux d'études de taille modeste, d'autres de laboratoires de recherche conséquents, et les demandes de brevet produisant des revenus extrêmement variables (et parfois des pertes !) selon l'industrie en cause et selon la réussite de l'objet breveté !

Si cette évaluation n'apparaît pas démesurée au sein d'une entreprise, pour une demande de brevet, nous estimons que sa généralisation à l'ensemble des demandes de brevet au plan national est, elle aussi, crédible, en ayant à l'esprit le caractère subjectif de ce type de raisonnement fondé sur l'observation, qui vient modérer significativement celui fondé sur les statistiques.

Ainsi, sur la base des observations qui constituent le fondement de ce chapitre, nous avançons l'hypothèse qu'une contribution à la croissance du PIB de l'ordre **de 32 000 à 95 000 euros (moyenne 64 000 euros)** par demande de brevet français est plausible, la part résultant pour l'entreprise innovante étant estimée, quant à elle, à environ **21 000 à 63 000 euros (moyenne 42 000 euros)**.

## 9 Les brevets de la croissance ?

Quel constat est-il possible de présenter après ces quelques mois passionnants d'enquêtes et d'analyses, jalonnés de doutes et d'interrogations ?

Au-delà des résultats très surprenants obtenus en matière de corrélation de données, cet essai a permis de mettre davantage l'accent sur les brevets d'origine nationale, dits **autochtones**, qui sont dans tous les pays à la source de l'innovation protégée.

Notre voyage dans le monde de l'innovation a permis d'observer que les consommateurs français sont à la fois prudents dans leurs rapports à l'innovation et friands de certains produits innovants, et que ceux-ci conditionnent plus ou moins les décisions d'achat. Nous avons perçu avec davantage d'acuité que notre quotidien est baigné d'innovations, aucun secteur économique n'échappant au ballet perpétuel du changement, y compris dans le domaine des méthodes commerciales. Cependant, la peur de l'avenir, la crainte du risque, et de multiples raisons historiques, politiques et structurelles freinent en France toute velléité de réforme en profondeur ; nous préconisons d'adopter une approche plus ouverte face aux innovations techniques, et recommandons pour y parvenir plus rapidement de **vitaliser l'État**, d'autant plus que les autres pays n'attendent pas pour le faire.

L'un des moyens à mettre en œuvre, sans doute le moyen principal, nous semble être d'**associer le corps enseignant tout entier**, depuis l'école jusqu'à l'université, à un plan de développement de l'innovation protégée, de manière à **perfuser la notion de**

**Propriété Industrielle (PI) à tous les niveaux de la société**; une attention toute particulière est à porter aux Universités et aux Grandes Écoles : entre autres à Nanterre, à Dauphine, à HEC, à l'ESSEC, à l'X, à SUPELEC ou à Centrale où se forgent les « cerveaux » de demain, qui imagineront les technologies nouvelles ou adapteront les découvertes de la recherche fondamentale. C'est en accordant une priorité absolue aux éducateurs, maîtres, assistants, professeurs que nous contribuerons à modifier progressivement nos réticences face à l'innovation, que nous développerons nos bataillons de chercheurs et d'inventeurs, que nous garderons en France ces élites qui, trop souvent, s'expatrient dès leurs études terminées.

Nous avons également mis en évidence que l'innovation peut et doit se transformer en invention et en demandes de brevet, car innover sans protéger revient à offrir un avantage à la concurrence. Aucune alternative autre que la Propriété Industrielle (PI) n'est mise à la disposition des entreprises, car hors la Propriété Industrielle (PI), il n'existe pas d'instrument juridique permettant d'acquérir un **minipole** provisoire apte à rentabiliser les frais de Recherche & Développement.

La Propriété Industrielle (PI) contribue par ailleurs au développement des connaissances de la collectivité internationale et présente un volet éthique, garant par exemple de la santé publique et des bonnes mœurs, comme le prévoient les législations nationale, européenne et internationale.

La part moyenne de l'innovation protégée dans **la croissance du Produit Intérieur Brut (PIB)** a été estimée à environ **3 à 9 %**, en tenant compte des activités non industrielles, dans une fourchette plus large que nous avons estimée de **1 à 15 %**, cette part dépendant très largement de chaque profession ou de chaque secteur technique.

Nous avons également mis en évidence l'impact de l'innovation sur l'augmentation de la richesse du pays et l'effet d'entraînement de cette même richesse pour développer à son tour Recherche & Développement, innovation et Propriété Industrielle (PI).

En conclusion, contrairement à ce qui est souvent posé comme un principe, la croissance du Produit Intérieur Brut (PIB) est certainement la résultante d'une pluralité de facteurs, dont **l'innovation, qui bien entendu n'est pas le seul moteur de la croissance !**

Il est vraisemblable que la confiance dans la réussite de l'économie constitue la principale base du développement : sans confiance, il y a repli sur soi, comme c'est trop souvent le cas en France, à l'inverse d'autres pays. **La confiance est le facteur psychologique pour vitaliser la société française**; mais elle n'est rien sans déclinaison politique; c'est la raison pour laquelle nous avons recommandé quelques mesures, dont un Plan d'Innovation National, orienté vers les enseignants et les chercheurs privés et publics, pour diffuser progressivement un état d'esprit **« De Vinci-nien » dans toutes les strates de la société**.

L'innovation protégée et la croissance du PIB semblent fonctionner de pair, comme dans un système de vases communicants, grâce à un **phénomène interactif**.

L'innovation protégée, en raison même de la mise en œuvre des inventions dans la plupart des produits et des services, contribue de façon essentielle à la consommation, déclenche les investissements dans de nouveaux outils de production et stimule les achats de biens et services. **L'innovation protégée agit donc davantage comme un accélérateur de croissance.**

Réciproquement, le développement économique permet à son tour d'allouer des budgets de R&D, de former des équipes, de recruter des chercheurs, des inventeurs, d'innover dans le domaine technologique et par suite de déposer des demandes de brevet afin de protéger les inventions. **Le développement économique agit donc comme un incubateur d'innovation.**

Ainsi, la question posée au début de cet exposé :

**IPness = HAPPYness ?**

et qui, grâce à certaines corrélations strictement statistiques, s'est transformée hardiment en :

**IPness = HAPPYness !**

pourrait, notamment en appliquant certaines de nos recommandations, trouver une réponse sous la forme interactive :

Annexe 1

# Titres de Propriété Intellectuelle

**1. Les marques suivantes font l'objet d'un dépôt ou d'un enregistrement**
PI, INVENTIQUE, LOGOPOLE, INVENTHÈQUE, MARQUES-ON-LINE, 100%.

**2. Les noms de domaine Internet suivants sont réservés**
www.ipness.org
www.logopole.com
www.marques-on-line.com
www.inventique.com
www.inventheque.com
www.100-pour-100.org

**3. Les enveloppes Soleau suivantes ont été déposées**
Numéro 184 458 du 13 janvier 2004,
Numéro 191 408 du 22 mars 2004,
Numéro 194 647 du 28 avril 2004,
Numéro 199 227 du 16 juin 2004,
Numéro 200 361 du 25 juin 2004,
Numéro 206 360 du 15 septembre 2004,
Numéro 207 646 du 29 septembre 2004,
Numéro 207 647 du 29 septembre 2004,
Numéro 207 648 du 29 septembre 2004,
Numéro 207 649 du 29 septembre 2004,
Numéro 207 650 du 29 septembre 2004,
Numéro 207 651 du 29 septembre 2004,
Numéro 208 021 du 1er octobre 2004,
Numéro 208 022 du 1er octobre 2004,
Numéro 210 982 du 2 novembre 2004,
Numéro 210 983 du 2 novembre 2004,
Numéro 213 215 du 8 décembre 2004.

**4. Les dénominations ou expressions suivantes ont été créées dans cet essai**
Accélérateur de croissance
AME ou Autorité Mondiale de l'Éthique
ATIS ou Alternative Technique Indispensable à Saisir
BAPI ou Budget Annuel par Projet Inventif
BIN ou Blocage Innovant Négatif
Brevet d'innovation
De Vinci-nien : adjectif caractérisant une attitude innovatrice
DPM ou Déposer, Protéger et Maintenir
CPI ou Cercle Positif Innovant
Clonage de l'invention
ICA ou Indicateur Caractéristique d'Application
I2 ou Incubateur d'Innovation
Innovation sans protection n'est que ruine de la recherche
Invention = problème + solution
IPness : anglicisme équivalent à Propriété Industrielle
IPness = HAPPYness
JMIC ou Journée Mondiale de l'Innovation et de la Croissance
JT ou Joker Technique
Label d'innovation
Le brevet d'invention est le CŒUR de l'innovation
Les brevets de la croissance
L'innovation n'est pas le moteur de la croissance
L'innovation est un accélérateur de croissance
Loi générique : loi remplaçant les lois précédentes traitant du même sujet
Mécénat 100%
Micronovations
Minipole : monopole provisoire et conditionnel relatif à un titre de Propriété Industrielle

Minipolistique : relatif à un minipole
Ministère de l'Innovation
PIfox : mascotte de la Propriété Industrielle
PIVB ou Part de l'Innovation dans la Valeur d'un Bien
PIN ou Plan d'Innovation National
PEI ou Politique d'Expansion des Inventions
Titre d'innovation
UBAC ou Un Brevet par An par Chercheur
UDBI ou Une Demande de Brevet par Innovation
VIAGRA ou Valorisation de l'Innovation Acquise Grâce au Renouvellement des Annuités
Vitaliser
Vitaliser la société française

**5. Dépôt du manuscrit auprès de la SGDL**
Le manuscrit ayant pour titre, *Les Brevets de la croissance ou IPness = HAPPYness ?*, a été déposé le 4 novembre 2004 auprès de la Société des Gens de Lettres sous le numéro 2004.11.0059.

**6. Liste et noms des PIfox**
N°19 : PIfox officiel (page de couverture)
N°1 : dynaPIfox (réservé)
N°2 : PIgratte (dédicace)
N°3 : haltéroPIphile (chapitre 1)
N°4 : PIblog (chapitre 1)
N°5 : coPInus (chapitre 2)
N°6 : United PIfox (chapitre 3)
N°7 : mac'PI (chapitre 3)
N°8 : PIberon (chapitre 4)
N°9 : PIssimule (chapitre 4)
N°10 : invenPIque (chapitre 5)
N°11 : ruséPI (chapitre 5)
N°12 : PIcode (chapitre 5)
N°13 : MonoPIle et miniPIle (chapitre 5)
N°14 : claimPI (chapitre 6)
N°15 : emPIle (chapitre 6)
N°16 : PId'or (chapitre 6)
N°17 : PIboys (chapitre 6)
N°18 : cloPInage (chapitre 7)
N°20 : PImonde (chapitre 8)
N°21 : PIrope (chapitre 7)
N°22 : PIagra (chapitre 8)
N°23 : PIb' (chapitre 9)
N°24 : PIzarre (chapitre 9)
N°25 : PIdium (chapitre 10)
N°26 : maraPIthon (chapitre 11).
N°27 : PIble (chapitre 12)
N°28 : PIboggan (chapitre 13)
N°29 : chamPIon (chapitre 13)
N°30 : PIquation (chapitre 14)
N°31 : eurePIka (chapitre 15)
N°32 : PIbliothèque (Bibliographie)
N°33 : sporPIf (chapitre 16)
N°34 : PImerrang (chapitre 16)
N°35 : haltéroPIle (chapitre 17)
N°36 : PItion magic' (chapitre 17)
N°37 : PIlosophe (préface)

Annexe 2

# Quelques pages du Blog Internet
## www.ipness.org

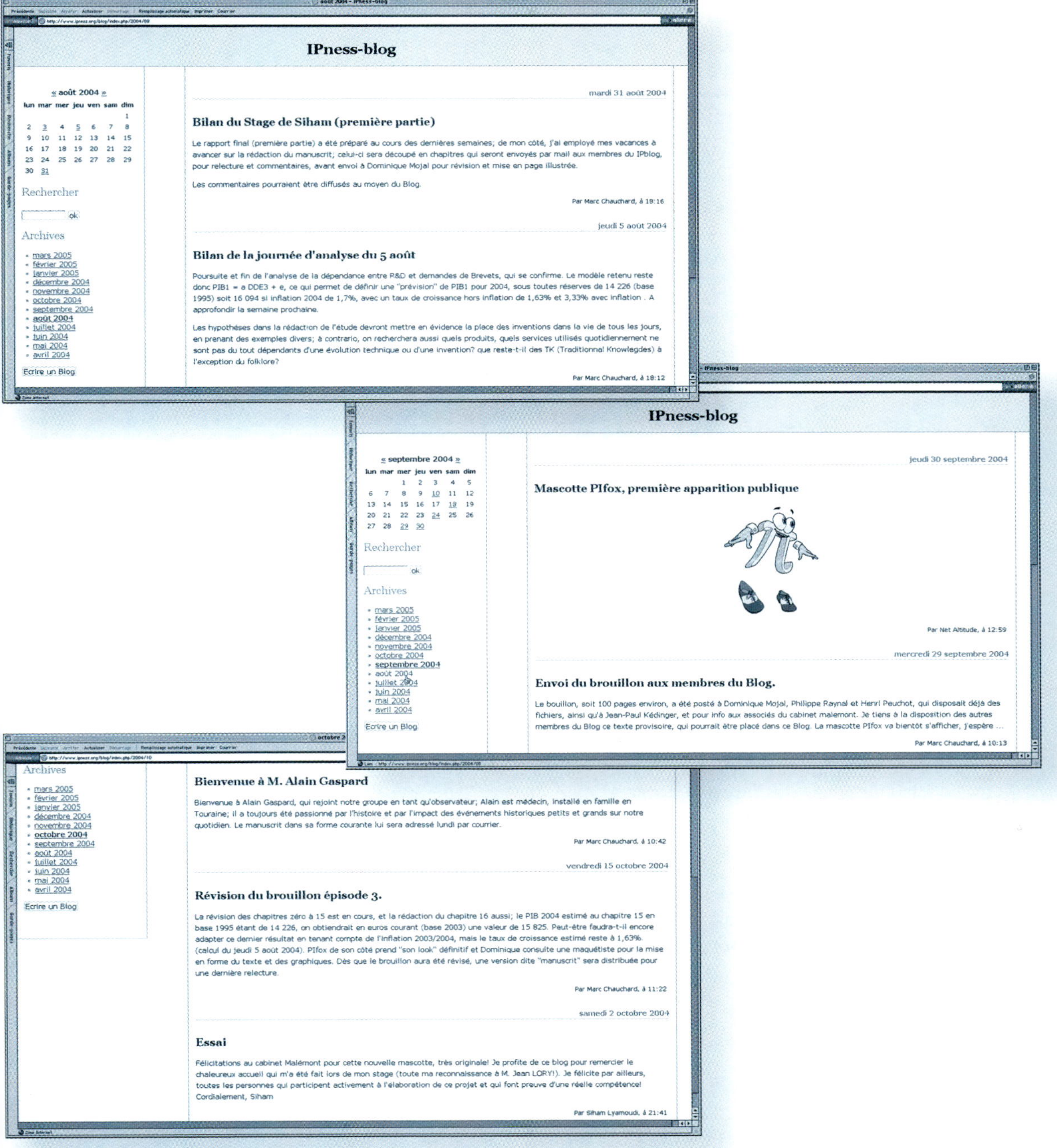

IPness-blog

« août 2004 »

| lun | mar | mer | jeu | ven | sam | dim |
|---|---|---|---|---|---|---|
| | | | | | | 1 |
| 2 | 3 | 4 | 5 | 6 | 7 | 8 |
| 9 | 10 | 11 | 12 | 13 | 14 | 15 |
| 16 | 17 | 18 | 19 | 20 | 21 | 22 |
| 23 | 24 | 25 | 26 | 27 | 28 | 29 |
| 30 | 31 | | | | | |

Rechercher

ok

Archives

- mars 2005
- février 2005
- janvier 2005
- décembre 2004
- novembre 2004
- octobre 2004
- septembre 2004
- **août 2004**
- juillet 2004
- juin 2004
- mai 2004
- avril 2004

Ecrire un Blog

mardi 31 août 2004

**Bilan du Stage de Siham (première partie)**

Le rapport final (première partie) a été préparé au cours des dernières semaines; de mon côté, j'ai employé mes vacances à avancer sur la rédaction du manuscrit; celui-ci sera découpé en chapitres qui seront envoyés par mail aux membres du IPblog, pour relecture et commentaires, avant envoi à Dominique Mojal pour révision et mise en page illustrée.

Les commentaires pourraient être diffusés au moyen du Blog.

Par Marc Chauchard, à 18:16

jeudi 5 août 2004

**Bilan de la journée d'analyse du 5 août**

Poursuite et fin de l'analyse de la dépendance entre R&D et demandes de Brevets, qui se confirme. Le modèle retenu reste donc PIB1 = a DDE3 + e, ce qui permet de définir une "prévision" de PIB1 pour 2004, sous toutes réserves de 14 226 (base 1995) soit 16 094 si inflation 2004 de 1,7%, avec un taux de croissance hors inflation de 1,63% et 3,33% avec inflation . A approfondir la semaine prochaine.

Les hypothèses dans la rédaction de l'étude devront mettre en évidence la place des inventions dans la vie de tous les jours, en prenant des exemples divers; à contrario, on recherchera aussi quels produits, quels services utilisés quotidiennement ne sont pas du tout dépendants d'une évolution technique ou d'une invention? que reste-t-il des TK (Traditionnal Knowlegdes) à l'exception du folklore?

Par Marc Chauchard, à 18:12

IPness-blog

« septembre 2004 »

| lun | mar | mer | jeu | ven | sam | dim |
|---|---|---|---|---|---|---|
| | | 1 | 2 | 3 | 4 | 5 |
| 6 | 7 | 8 | 9 | 10 | 11 | 12 |
| 13 | 14 | 15 | 16 | 17 | 18 | 19 |
| 20 | 21 | 22 | 23 | 24 | 25 | 26 |
| 27 | 28 | 29 | 30 | | | |

Rechercher

ok

Archives

- mars 2005
- février 2005
- janvier 2005
- décembre 2004
- novembre 2004
- octobre 2004
- **septembre 2004**
- août 2004
- juillet 2004
- juin 2004
- mai 2004
- avril 2004

Ecrire un Blog

jeudi 30 septembre 2004

**Mascotte PIfox, première apparition publique**

Par Net Altitude, à 12:59

mercredi 29 septembre 2004

**Envoi du brouillon aux membres du Blog.**

Le bouillon, soit 100 pages environ, a été posté à Dominique Mojal, Philippe Raynal et Henri Peuchot, qui disposait déjà des fichiers, ainsi qu'à Jean-Paul Kédinger, et pour info aux associés du cabinet malemont. Je tiens à la disposition des autres membres du Blog ce texte provisoire, qui pourrait être placé dans ce Blog. La mascotte PIfox va bientôt s'afficher, j'espère ...

Par Marc Chauchard, à 10:13

Archives

- mars 2005
- février 2005
- janvier 2005
- décembre 2004
- novembre 2004
- **octobre 2004**
- septembre 2004
- août 2004
- juillet 2004
- juin 2004
- mai 2004
- avril 2004

Ecrire un Blog

**Bienvenue à M. Alain Gaspard**

Bienvenue à Alain Gaspard, qui rejoint notre groupe en tant qu'observateur; Alain est médecin, installé en famille en Touraine; il a toujours été passionné par l'histoire et par l'impact des événements historiques petits et grands sur notre quotidien. Le manuscrit dans sa forme courante lui sera adressé lundi par courrier.

Par Marc Chauchard, à 10:42

vendredi 15 octobre 2004

**Révision du brouillon épisode 3.**

La révision des chapitres zéro à 15 est en cours, et la rédaction du chapitre 16 aussi; le PIB 2004 estimé au chapitre 15 en base 1995 étant de 14 226, on obtiendrait en euros courant (base 2003) une valeur de 15 825. Peut-être faudra-t-il encore adapter ce dernier résultat en tenant compte de l'inflation 2003/2004, mais le taux de croissance estimé reste à 1,63%. (calcul du jeudi 5 août 2004). PIfox de son côté prend "son look" définitif et Dominique consulte une maquétiste pour la mise en forme du texte et des graphiques. Dès que le brouillon aura été révisé, une version dite "manuscrit" sera distribuée pour une dernière relecture.

Par Marc Chauchard, à 11:22

samedi 2 octobre 2004

**Essai**

Félicitations au cabinet Malémont pour cette nouvelle mascotte, très originale! Je profite de ce blog pour remercier le chaleureux accueil qui m'a été fait lors de mon stage (toute ma reconnaissance à M. Jean LORY!). Je félicite par ailleurs, toutes les personnes qui participent activement à l'élaboration de ce projet et qui font preuve d'une réelle compétence! Cordialement, Siham

Par Siham Lyamoudi, à 21:41

# Bibliographie

ABDELJABBAR, Abdouni et HANCHANE, Saïd, respectivement CEDERS et EHESS-CNRS, *La Dynamique de la croissance économique et de l'ouverture dans les pays en voie de développement : quelques investigations empiriques à partir des données de panel*, 2003.

ACADÉMIE DES TECHNOLOGIES, *Le Système français de recherche et d'innovation*, Contribution de l'Académie des Technologies, 2004.

AGHION, Philippe et COHEN, Elie, Conseil d'Analyse Économique (CAE), *Éducation et Croissance*, Rapport, 2004.

ALTER, Norbert, *L'Innovation ordinaire*, Coll. « Sociologies », PUF, 2000.

BASSANINI, Andrea et SCARPETTA, Stefano, *Les Moteurs de la croissance dans les pays de l'OCDE : analyse empirique sur les données de panel, revue économique*, OCDE, 2001.

BOUROCHE, Jean-Marie et SAPORTA, Gilbert, *L'Analyse des données*, Coll. « Que sais-je ? », 8e édition, PUF, 2002.

BOYER, Robert et DIDIER, Michel, Conseil d'Analyse Économique (CAE), *Innovation et Croissance, Rapport*, La Documentation Française, 1998.

BRULÉ, Michel et DRANCOURT, Michel, *Service Public, Sortir de l'imposture*, J.-C. Lattès, 2004.

CALDERINI Mario et FRANZONI Chiara, CESPRI, *Is academic patenting detrimental to high quality research ? An empirical analysis of the relationship between scientific careers and patent applications*, 2004.

CAMDESSUS, Michel, « Le sursaut vers une nouvelle croissance pour la France », *Rapport officiel*, La Documentation française, 2004.

CAMERON, Gavin, NUFFIELD COLLEGE, Oxford, *Innovation and Growth : a survey of the empirical evidence*, 1998.

CHAUCHARD, Marc, *Faut-il décerner un « prix Nobel d'harmonisation réussie » à l'Union des Praticiens Européens en Propriété Industrielle ?*, 2001.

CHERRUCRESCO, Hélène, anagramme de « Chercheurs en colère », *De la recherche française...*, Gallimard, 2004.

CHU, Jeff, « How Europe lost its science stars », *Time*, 2004.

*CODE DE LA PROPRIÉTÉ INTELLECTUELLE*, 1992-2004.

COMITÉ D'INITIATIVES ET DE PROPOSITIONS (CIP), *Rapport des états généraux de la recherche*, 2004.

COMMISSARIAT GÉNÉRAL AU PLAN, *Le Quatre Pages*, N° 2, 2004.

CREPON, Bruno, DUGUET, Emmanuel, KABLA, Isabelle, *Schumpeterian Conjectures : a moderate support from various innovation measures*, 1995.

DE MONTALEMBERT, Guy, « Public/privé : les deux France », *Le Figaro Magazine*, 2004.

ENCYCLOPAEDIA UNIVERSALIS France SA, *Brevet d'invention, Propriété industrielle*, 2003.

ESTERLE, Laurence et LAVILLE, Françoise, Observatoire des Sciences et des Techniques (OST), Production coopérative d'indicateurs inter-institutionnels de politique scientifique, *Rapports sur les indicateurs relatifs à la propriété intellectuelle 1997-2001*, 2003.

FRANKLIN PIERCE LAW CENTER, *Program of Studies in Intellectual Property, Commerce and Technology*, 2004.

GALBRAITH, John Kenneth, *Les Mensonges de l'économie*, Grasset, 2004.

GARANCE, Daniel, *Microsoft WORD 2003*, Coll. « Le tout en poche », CampusPress, 2004.

GILLES, Philippe et GUILLAUMET, Philippe, Centre d'Économie et des Finances Internationales, CECI-UMR-CNRS, *Le Rôle des brevets dans les cycles de croissance de l'économie française entre 1850 et 1999*, Université de la Méditerranée, 2002.

GORDON, Robert J., Université de Northwestern, « Deux siècles de croissance économique : l'Europe à la poursuite des États-Unis », *Revue de l'OFCE*, 2003.

GUELLEC, Dominique et VAN POTTELSBERGHE DE LA POTTERIE, Bruno, « Recherche-Développement et croissance de la productivité : analyse des données d'un panel de 16 pays de l'OCDE », *Revue économique de l'OCDE*, 2001.

GUILLAUME, Henri, « Le CNRS est un modèle aujourd'hui à bout de souffle », extraits du Rapport de l'Inspection générale des Finances et commentaires *in Le Figaro, Les Échos et Le Monde*, 2004.

HEC, *La Fondation HEC soutient la recherche*, 2004.

IDRIS, Kamil, « Intellectual Property, a power tool for economic growth », WIPO, 2004.

INSTITUT NATIONAL DE LA PROPRIÉTÉ INDUSTRIELLE (INPI),
- *Bulletin officiel de la Propriété Industrielle (BOPI), statistiques, 2000-2003.*
- *Rapports annuels, 1999-2003.*

INSTITUT POUR LE DÉVELOPPEMENT DURABLE, *BEL-INSOC-10, un indicateur d'insécurité sociale en Belgique*, 2003.

JEONG, Byung-Seon et SHEEHAN, Jerry, *Recent Developments in Science, Technology and Innovation Policies*, OCDE, 2004.

JOURNÉE DE SENSIBILISATION AUX BREVETS À DESTINATION DES CHERCHEURS, « Protection et valorisation des résultats de la recherche publique », ministère délégué à la Recherche et aux Nouvelles Technologies, 2003.

KARKLINS-MARCHAIY, Alexis, *Joseph Schumpeter : vie, œuvre, concepts*, Ellipses, 2004.

KENNY, David, *Correlation and Causality, First and Revised Internet Edition*, 1979 et 2004.

KERORGUEN, Yan, « Des entrants à fort potentiel scientifique », *La Tribune*, 2004.

KOLEDA, Gilles, Érasme, École Centrale Paris et EUREQua, Université Paris I, CNRS, *La Valeur de la protection des brevets français appréciée par leurs renouvellements*, 2003.

KOLEDA, Gilles, Thèse de doctorat, « Le brevet pour l'innovation au service de la croissance », 2001.

LAUNET, Édouard, *Au fond du labo à gauche, De la vraie science pour rire*, Coll. « Science ouverte », Seuil, 2004.

LYAMOUDI, Siham, Magistère de Modélisation de l'Université Paris X Nanterre sur le thème « La recherche d'indicateurs économiques relatifs à la Propriété Industrielle », 2004.

MADDISON, Angus, *L'Économie mondiale : statistiques historiques*, OCDE, 2003.

MARCHAND, Stéphane, *French Blues*, First Editions, 1997.

MARSEILLE, Jacques, *La Guerre des deux France, celle qui avance et celle qui freine*, Plon, 2004.

MARTINEZ, Catalina, *Aperçu de l'évolution récente des régimes de brevets aux États-Unis, au Japon et en Europe*, OCDE, 2003.

MESSAROVITCH, Yves, « Croissance : le boulet européen », *Le Figaro Magazine*, 2004.

MINC, Alain, *Les Prophètes du bonheur*, Grasset, 2004.

MULLER, Isabelle et FRAYCOT, Matthieu, *Croissance et Propriété industrielle, Licence, Analyse et Politiques économiques, année 1999-2000*, Université de Bordeaux, 2000.

OCDE, *Brevets et Innovation : tendances et enjeux pour les pouvoirs publics*, 2004.

OECD, – *Observer, Science and Innovation Policy : Key Challenges and Opportunities*, 2004.
– *Patents and Innovation, Trends and Policy Challenges*, 2004.
– *Research and Development Statistics*, 2003.

OMPI, *Revue de l'OMPI*, 2003-2004.

PASSET, René, *Éloge du mondialisme par un « anti » présumé*, Fayard, 2001.

PELLIER, Karine, LAMETA, Université de Montpellier, *Propriété intellectuelle et croissance économique en France (1791-1945), une analyse cliométrique du modèle de Romer*, 2003.

PILAT, Dirk, *Innovation et Performance économique*, OCDE, 2000.

RAMANANTSOA, Bernard, « Reconquérir l'avenir », *Le Figaro Entreprises*, 2004.

ROBIN, Jean-Pierre, « Plus facile de mesurer la richesse que le bien-être, les clés de la mondialisation », *Le Figaro Économie*, 2004.

SESSI, Service de la Direction générale de l'industrie, des technologies de l'information et des postes, ministère de l'Économie, des Finances et de l'Industrie, *Le Quatre Pages*, n° 187, 2004.

TIMBEAU, Xavier, Département analyse et prévision de l'OFCE, Observatoire Français des Conjonctures Économiques, *Un monde presque parfait, Perspectives 2004-2005 pour l'économie mondiale*, 2004.

TIROLE, Jean, HENRY, Claude, TROMMETTRT, Michel, TUBIANA, Laurence, CAILLAUD, Bernard, Conseil d'Analyse Économique (CAE), *Propriété intellectuelle, rapports*, La Documentation Française, 2003.

UZUNIDIS, Dimitri, (sous la direction de), *L'Innovation et l'Économie contemporaine*, De Boek, 2004.

VALLÉE, Jacques, *Au cœur d'Internet*, Balland, 2004.

VAN LEEUWEN, George et KLOMP, Luuk, *Linking Innovation to Productivity Growth Using Two Waves of CIS, Workshop on Firm-level Statistics*, 2001.

*WIPO MAGAZINE*, « Intellectual property as a level for economic growth, The Latin American and Caribbean Experience », 2004.

WIPO, Industrial Property Law Section ; *Globalization and the Importance of Research and Development in Intellectual Property Systems*, 2004.

# Table des matières

Achevé d'imprimer en juin 2005
sur les presses de la Nouvelle Imprimerie Laballery
58500 Clamecy
Dépôt légal : juin 2005
Numéro d'impression : 506045

*Imprimé en France*